賺錢

Follow Me

目錄

第一章　腦袋向「錢」一步，人生開始富有！

第二章　多重被動收入，比想像容易！

CONTENT

目錄

第四章　實戰心法，賺錢跟我來！

CONTENT

作者序
感恩讓我成就一切

　　這本書的內容是跟大家分享我如何成功貫徹「零成本創業」的理念，尤其當我幫助了許多學員之後，也希望用過來人的經驗給年輕的朋友一些參考，讓你們在追求富裕自由的過程中，能少走一些冤枉路。

　　我的雙親是很標準的勞工階級，我的母親不論晴天雨天，都會推著「黎阿甲」（手推車）去菜市場賣童裝，這一蹲就蹲了三十年；我的父親學歷也不高，在基隆港幫忙停泊輪船，夏天在炙熱的甲板上工作，是份很辛苦的工作。雖然他們不是什麼大人物，但是愛孩子的心卻不輸給任何人，因此我出這本書首先就是要感謝父母的栽培。

　　當然也很感謝我的老婆一路上給予的支持，回想自己開單車店時，她正好懷孕，自己鎮日忙於店內事務，無法好好陪伴她，辛苦的孕期及照顧幼兒的責任，她都一一承擔，讓我無須擔憂家中狀況，真的很感謝她。這次出書，她更是給我很大的鼓勵，希望我們的經驗能幫助更多年輕朋友。

此外，對於一路提攜我的人也是滿懷感恩！

達興車行的吳大哥，在我創業開單車店時，把所有單車店經營的技巧毫無保留的教導我。他是我創業的第一個導師，每每在我最困難的時候，都幫了我一把，讓我非常感動。還有房地產教練王派宏也給予我許多資源，他是個腦袋很靈活的人，讓我的賺錢方法更多元。

還要特別感謝協助活動與課程的夥伴，以及渠成文化出版社的協助。由於有他們的熱心的參與，我才能將這套課程與理念分享給大家。也要感謝一些世界大師，他們所開的課程讓我的財富思維大翻轉。藉由他們分享成功的心法，激發我更多不同的發展性。

寫這本書源起於，現今社會，大家汲汲營營的追求「財富」，很多人也提供許多賺錢的作法，但是我一直在想真的就只是這樣嗎？其實一個人成功的因素，除了要有良好的商業模式之外，更重要的是腦袋瓜要有正確的金錢思維。

因為我自己的家庭背景，所以可以深刻的體會，沒有任何資源或資金的年輕人想要翻轉命運，所需經歷的壓力。社會快速變遷，學校所學已經跟不上社會潮流，如果你願意運用書中的致富方法，相信一定可以節省寶貴的時間，更加快速的竄起。

未來的方向掌握在自己手中

從出生那一刻起，你就註定跟別人不一樣了！因此只有自己能告訴自己喜歡什麼，該往哪裡走。選擇人生的道路，絕對不是父母或老師的工作。

我自小就是父母眼中的乖兒子，他們就像一般家長一樣期望孩子有個穩定的工作，可以順遂過日子就好，所以我找的工作也都是朝著這個方向在走。記得我退伍之後，考上人人稱羨的海運公司，鄰居阿姨聽到時紛紛跑來跟我父母祝賀「恭喜喔！你兒子考上大公司囉！」對一個基隆菜市場長大的孩子來說是多麼美好的前景，穿著西裝筆挺的生活，拜訪上市上櫃公司，連我的大學同學都非常羨慕，因為除了底薪，每個月還有固定的交際應酬費。

初出社會的我人生經驗不夠，因此依照周遭所有人的期待，進去這間「別人」夢寐以求的公司工作。在這間大公司裡

真的是福利好、待遇佳，每天與客戶吃飯都是公司買單，但是我卻沒有一攤吃得開心，因為這是「別人」夢寐以求的工作，而非「自己」真正朝思暮想的事業。

這段期間我一直在思考到底自己想要的是什麼？為什麼會這麼沒有衝勁呢？當自己壓抑了幾年，實在不希望未來的日子這樣下去，因此毅然決然辭去工作，往自己最有興趣的單車業發展。從辭職轉往創業這一路以來的心路歷程，真是起起伏伏，有如搭乘雲霄飛車啊！

固然開單車店經歷很多困難，但是畢竟是自己喜歡的，所以願意去克服所有問題。相反的當初到大公司因為工作的方向不是自己選的，對於那些工作我沒有太大熱誠，就算試著去摸索，卻像鴨子划水怎麼也游不快！

由於有這樣的親身經歷，因此我自己有很深的體悟，我認為不論做任何事，方向一定要自己決定，而方法可以學習！

各位親愛的讀者，從出社會到現在每次的方向都是自己選擇的嗎？

你是否也因為太在意別人的眼光，反而忘了多想想自己美好的未來呢？

大家都知道我們的主人就是自己，那麼就應該多點時間與自己對話，探索自己真正的夢想，每個人的夢想當然都不太一樣，這世界上一定有屬於你的致富方式！

　　我們或許討厭在不尊重自己的老闆底下工作，但是為了五斗米不得不折腰，尤其是在經濟不景氣的時期，往往大家只會繼續捧著這飯碗，但是這並不是無法選擇的，我們必須相信自己可以做的比我們一般所看到、認知到的可能性還要多，當你看完這本書，請努力檢視這些可能性，從中選出最適合你的那一個，讓自己成功致富吧！

第一章

腦袋
向「錢」一步，
人生開始富有！

1-1 致富
是尊貴的行為

> 這個世界其實很簡單，不要想的太複雜。只要兼顧金錢、健康的身體與善良而富足的心，就能達成所有的願望。
>
> ——日本鉅富 齋藤一人

「我們都在不斷趕路，忘記了出路。」

這是電影《無間道》主題曲的一句歌詞，對照現在大家的生活，真是貼切，尤其時下許多年輕人總是忙碌於賺錢一事，卻忘了真正的理想是什麼。如果只是為了一份薪水在工作，那麼可說是現代版的「錢奴」，因為你不但失去了自由，也失去

了夢想。

　　一定有人會說：「可是我要活下去，須要賺錢啊！不上班哪來的錢？」

　　沒錯！如果你先前沒學過正確的賺錢方式與致富思維，那麼一定以為上班是唯一一條「出路」，卻不知上班這條「出路」可能是最慢致富的方法，所以本書將解開這些錯誤思維，讓你輕鬆愉快就能賺到財富！

你有致富的美德嗎？

　　「金錢不是萬能」這句耳熟能詳的話，你一定也常聽到，或許你也常這樣說！

　　的確，健康、愛情、親情……這些都是用金錢買不到的，但是你口袋的「金錢」聽到這種話想必會很難過，這都是因為你對金錢不甚瞭解所發生的誤會。

　　現在就先不要急著批評與抱怨，讓我們一起瞭解金錢的深層含意：金錢是「價值」交換的工具，可以讓人交流各種「能

量」，而且能各得所需，所以請不要以為金錢只是付帳單或是維生的工具。

金錢 ➡ 價值 ➡ 能量

當你把金錢當成一位好朋友，對他百分之百尊重，他也會願意留在你身邊，因此千萬別再說金錢的壞話！只要以充滿感激的態度面對「金錢」，並且抱持著正面思考，一定能擁抱金錢所帶來的能量。

既然「金錢」是美好的事物，那麼「致富」就應該是一種良好的「美德」，可是我們熟知的美德中，諸如：謙虛、誠實、勤奮、恭敬、愛心、寬容……等，卻沒有人將「致富」列入其中，這是何等嚴重的失誤！

華盛頓砍倒櫻桃樹的故事，被父母當成睡前故事，在教育孩子「誠實」的重要性；孔融讓梨的故事，當學生時背得滾瓜爛熟，為了熟記「禮讓」的影響性。因此，這些美德，早已經從文字轉化為我們的道德觀念，但是關於「致富」呢？我們的思考模式中卻沒有深植這樣的美德，因為學校與家庭依然沒有教導過我們用正確的態度看待財富，導致無法將「致富」內化

成自己的能量。

　　首先，必須說明一下究竟什麼是真正的「致富」呢？

致富的定義：

必須兼顧「身體健康」、「心靈富足」、「家庭及人際關係」、「財富事業」四大面向，絕不是從中選擇一項，而是必須全部都要！

　　這跟我們印象中的有錢人似乎不太一樣，從小聽的童話故事大多像「阿里巴巴與四十大盜」，總是窮人善良又誠實，富人小氣又很貪心，導致我們對「致富」有著不好的刻板印象。其實，這實在有違「致富」真正的含意，怎麼說呢？因為真正「富裕」的人必須擁有上述四大面向。

　　有一位我一直很欽佩的智者：齋藤一人，他自一九九三年起連續十二年名列日本十大納稅人排行榜，創下日本最高紀錄，他不但富有，生活中的其它事物也沒有留白，是真正的富裕人生。

　　齋藤一人以研發生產各種中藥材為原料的化妝品及健康食品發跡，他認為「上天賜給我最棒的禮物就是，讓我在任何情

況下都能感到幸福」，因此人除了有錢，還要有健康的身體和善良富足的心，才能達成所有的願望。

這位日本鉅富所說的話也實踐在自己的生活中，他喜歡穿著輕便的衣服，漫步在舊市區，或是吃快餐店的烤魚定食，過著一般人的簡樸生活，即便如此，他依然感到幸福無比。他認為上天賜給他最棒的禮物，是讓他在任何情況下都能感到幸福。

他曾在《有錢人的口頭禪，貧窮人的口頭禪》一書中提到自己教導十個弟子的方法：「我並沒有教他們經營事業的方法，而是教他們該怎麼樣才能過得快樂。雖然他們無法立刻瞭解我的話，但是過了不久之後，他們開始實踐『快樂得不得了的生活方式』，公司的業績也急速成長。」

齋藤一人認為假如世上真有成功的秘訣，那就是思考如何實踐「快樂得不得了的生活方式」，也就是「千遍法則」，尤其當你越沒錢時，越要帶著笑容，如此才能贏得別人的喜愛，讓工作發展更順利。

像齋藤一人能夠兼顧四大面向的人，總是擁有一種正向思考的能力，遇到任何困難或阻力都能化解，所以我認為真正的「致富」，就是必須累積許多正面能量，充滿各種能力，因

此才說「致富是一種美德」。只是很可惜這樣的美德，傳統的家庭教育沒有教，僵化的學校教育也沒得學，一般人失去了先機，沒有將「致富」內化成屬於自己的尊貴行為。於是出社會之後，常覺得未來人生茫茫然，不知道該何去何從，在工作上又提不起勁，也累積不到財富，隨著時間流逝更感到壓力倍增，有這種現象的人，我稱之為「財富乾想族」，只能乾想卻一直得不到。

明確才有力量

如果你正處於「財富乾想族」的階段，該怎麼快速的擺脫這樣的困境呢？

「致富」既然是很崇高的美德，那麼首先第一步就是要明確自己的致富方向！所謂的「明確」就是指要清楚自己要過怎麼樣的生活、要從事哪樣的事業、要賺多少錢，還有要跟哪種人合作。

根據我自己多年來的體悟，如果你大喊「我想要變有

錢」，如此大聲宣言是絕對不會有錢的，因為這樣要前進的方向太模糊了，當你傳達出模糊的訊息，只會有模糊的結果！

這非常的重要，舉個實例，當我自己下定決心要賺一百萬之後，我就努力朝著這個目標前進，結果真的是「賺」到一百萬，但是後來還是花光光！所以我改變用字，將目標定成要「存」一百萬。想想看，當我想要「存」一百萬，我的收入將不只一百萬才能存到一百萬，也因為明確了「存」一百萬的目標，讓我最後存到了錢。

一字之差，結果就截然不同！明確的威力真的很強大！

其實，我也是這樣教導孩子，例如：我不會跟孩子說我們去「買」玩具，因為「買」這個動作就是把錢流出去，我會跟他說我們去「賺」玩具吧！首先，當我上網拍賣二手商品，會帶他一起去交貨，而我開的課程也讓他參與，然後鼓勵他在公園出租遙控車，讓他自己學習「如何自己賺得買玩具的錢」，在做生意的過程，也得到金錢的概念。這樣一來單純買玩具的念頭就有更高的價值，絕非只是用金錢衡量，孩子從小就會發覺「明確」的力量，經過這樣的練習，自然未來財商的觀念就會比父母強。

這幾年我開課的過程中，發現人們之所以得不到他們想要的東西，最主要的原因就在於不清楚自己追求的到底是什麼。這些人大多從小只會順著社會的價值觀、父母的期待、其他人的建議長大，誤以為那是自己想追求的，這樣根本就是在過他人的人生。

想要搞清楚自己追求的方向，還是必須回歸到自己致富的動機，接著才來訂定目標。下面就舉例說明，讓大家瞭解如何設定致富方向：

1. 動機明確，方向自然出現：首先，必須清楚自己是為了什麼而想變有錢人，例如想創造美好的未來，使家人過更好的生活，想服務社會的某族群……等等，當動機明確，方向自然會出現。

以我自己來說，以前上班一直抱怨沒有商機，經過這幾年的成長才發現當時我只想到自己，能創造的價值當然很低，後來我出來創業從事教育訓練，一心希望學員都能成功，所服務的人也越來越多，商機自然不斷湧現。所以，各位一定要明確自己的動機，當然動機也不要只想到自己，多為周邊的人設

想，當你服務的族群越廣，未來所能創造的財富也越多。

2. 方向出現，正確設立目標：方向出現以後，就要開始設定近程、中程、遠程的目標，這些目標一定要很明確，而且描述的越清晰將越容易達成。

這裡很重要的一點就是這個目標必須是全面性的，而非只是一個數字！什麼意思呢？除了設定要賺到的金錢之外，還要清楚自己要跟哪一種人合作、服務哪些人群、開創什麼樣規模的事業、娛樂生活是哪些活動、住在哪個居住環境。不論近程、中程、遠程的目標都須要清楚勾勒出這些畫面，這個方法我稱之為「圖像畫目標」設定法。

總之，一定要有「明確的動機」與「正確的目標」才能發揮爆發性的威力！

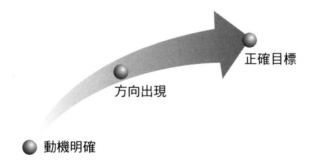

正確目標

方向出現

動機明確

《有錢人的口頭禪，貧窮人的口頭禪》

召喚財富及幸福的方法其實很簡單，齋藤一人在書中提出四大法則：

＊千遍法則：人心有如一個杯子大，當我們不斷滴入乾淨清澈的水，人生一定會幸福無比。因此，要常把好話當成這些乾淨的水倒入杯中，例如：「我真幸福！」「我真富裕！」「只要肯做，就沒有做不到的事！」等等。

＊均衡法則：想要維持智慧和致富的方法就是多與別人分享。另外，根據「吸引力法則」，只要傾全力去想，答案自然會從外面的世界朝你靠近。

＊加速法則：決定目標之後，就想像自己拿著一根繩子綁著目標，並且靠著「加速法則」，朝著目標前進，相信很快就能達到目標。這個法則的要點在於：一開始加速之後就得持續加速，不久後就會累積成強大的力量，推動你朝著目標前進，一轉眼就能實現願望。

＊七十八分法則： 世上沒有十全十美的人，每個人都曾經
失敗過，也因此才能有所成長。當我們只做到七十八分，
永遠都有二十二分可以改善，那麼將來一定會有進步的空
間，只要慢慢變好，一切都會進行得很順利。

以上幾個法則，也是我自己在生活或工作中時常練習的，我
認為財富及幸福同時擁有的話，才是一個富裕的人生。

致富絕非一步登天，也不是一日可成，但是只要跟著我們的步伐走，找出自己的「出路」，未來的路上，你只需欣賞風景快樂的走，不用滿頭大汗的「趕路」了！

關鍵練習

真正致富的人其實會賺也會存！我的世界級教練，也是《有錢人想的和你不一樣》暢銷書作者哈福·艾克（註）曾經教過我一招「六個罐子」的理財法。所謂的罐子，其實就是泛指各種可以存錢之處，不論是銀行帳戶，還是小豬撲滿，通通都算，重點是將收入分開放在不同的地方，做成各種使用的分類。而每個罐子的百分比建議如下：

1. 財務自由帳戶Financial Freedom Account (FFA) = 10%
2. 長期儲蓄帳戶Long Term Savings For Spending (LTSS) = 10%
3. 教育訓練帳戶Education (EDUC) = 10%
4. 休閒娛樂帳戶Play = 10%
5. 貢獻付出帳戶Give = 5%
6. 生活支出帳戶Necessities (NEC) =55%

你有發現嗎？這六個罐子其中有五項屬於支付給自己，只有最後一個是生活開銷的支出，是支付給別人的，而且生活

開銷不能高過六成！也就是說，不論你賺多少錢，都要先投資自己，才能讓未來財富自由。我相信所有人都可以用這個理財方法來管理他們的錢，不論你賺的錢多還是少，都必須要有這樣的財富管理系統。

金鐘影后林依晨，多年前接受採訪時，曾談過如何幫家裡還清債務，她說就是嚴格執行將所賺的酬勞分類帳戶，幾年來不但幫家裡還清所有債務，還存下了一筆錢。

所以，現在就請你「明確」的設下目標，為這個目標開始分配你的帳戶吧！

註：哈福‧艾克（T. Harv Eker）是白手起家的企業家，他多次創業都無法成功，後來經過學習及實際操作，終於成為大富翁。回顧自己的成長和歷練，他把所體悟到的賺錢智慧整理成為訓練課程，並且改變了許多人的人生。

1-2 畫好夢想地圖，別跟著人群走

> 其實是「感覺」在創造吸引的力量，而不是心中的「景象」或「思想」而已，如果你正面思考仍然沒有感受到豐足、愛、喜悅，那就無法產生吸引的力量。
>
> ——《心靈雞湯》作者 傑克坎菲爾

　　某天我打開電視，新聞正在報導一名金融業男性主管，看了《秘密》一書，如法炮製用「念力」加持，只花兩百元投注就中了一億元的頭彩。

　　這本《秘密》就是史上最暢銷的勵志書之一，橫掃歐美

各大排行榜第一名，並發行三十多國語言。有趣的是這本數百頁的書只在談論「心想事成」這樣簡單的概念，但是卻在全球掀起一股旋風，而這個概念的相關書籍也紛紛如雨後春筍般冒出，更不時耳聞知名企業家、講師或專家因此成功，看來《秘密》已經不再是秘密！

不過，你會使用這個「秘密」嗎？

吸引力的力量

說一個我自己的親身經歷吧！

自小我似乎就沒什麼偏財運，「再來一罐」這種小獎也很少中，但是我永遠記得二〇〇九年的三月，一個讓我一生難忘的中獎機遇。

由捷安特公司董事長劉金標與研發人員共同設計開發一款僅重7.2公斤的「京騎滬動紀念車」，這台手工打造的車只有三十七輛在台灣發售，而購買這輛紀念車的車友都有機會抽中「京騎滬動」，可以免費挑戰騎自行車從北京到上海的活動。

結果，紀念車的銷售空前熱烈，大家都希望能參加此一壯舉。

其實我很喜歡單車旅遊，大學時就已經組成單車社，在那個還不流行騎單車的年代，我們就已經騎去環島、北橫等等路線了，還記得當時騎出去都會招來一陣加油聲。後來因為自己實在太愛自行車了，就以此為職業開了單車店，不過開店之後反而因為很忙，比較少騎車。所以當我知道捷安特舉辦這個活動的時候，我的內心激動不已，告訴自己一定要去參加，甚至跟店長、車友還有家人說我五月要去大陸騎車，而且請員工別在那段期間排休假，雖然當時名單根本就還沒公布。

到了那年的三月份，抽籤名單電腦一公布出來，果然我的名字就在裡面，我真的抽中了完全免費的「京騎滬動」之行，當下真的是欣喜若狂，馬上從椅子上跳了起來，到處打電話給親朋好友分享這個喜訊。大家都覺得我好幸運，但是我深知這就是「心想事成」的力量！

這個力量其實你我都有，《秘密》一書就告訴大家：「把自己當作生活在富足之中，你就會吸引富足。」或許你會疑惑如果真的這麼簡單，為什麼不是每個人都過著他夢想中的生活？我發現最主要的原因在於一開始要完全拋開負面思維，需

要一點時間，但是有些人沒耐心就放棄了。

「糟了！我沒時間了。」「慘了，做錯了。」這些思緒總是容易縈繞在腦海。我們在腦中「不想要的」比「想要的」念頭還要多，例如：一直想著「我的收入太低」，自然而然生活就無法改善，因此要丟掉這樣的念頭，將想法變成**我要增加收入**」，那麼自然會吸引財富的磁場靠近。

當然這些念頭不是要自我感覺良好或是對自己說謊，如果生意不好說自己生意興隆，這種說法是無法被潛意識接受的，因此你可以改用：「現在起，跟我相關的一切都會越來越好。」但是如果念頭中有一絲絲猶豫，「我想增加收入，可是真的有辦法做到嗎？」那麼，你的潛意識就會當真而無法達成。

當我經過不斷練習，開始正確的使用吸引力法則的力量，不但抽中了免費的大陸自行車旅遊活動，也買了理想中的房子。現在我只接收正面訊息，不要接受任何負面暗示，因此諸如此類的案例，我已經多到不勝枚舉，像是在尾牙活動中還抽中iphone的手機呢！

親愛的讀者，別光只是看我寫的，也請你檢視一下自己是否也犯了這些毛病：

☐ 反反覆覆的想著同一件事，老是猶豫不決。

☐ 很容易因為一些小事而產生負面思維。

☐ 太過在意別人的言行，影響自己的正面能量。

☐ 聽取別人的抱怨，吸收太多負面能量。

☐ 老愛拿自己和別人比較。

接著，拿起你的筆在上面的框框中畫上叉叉，別懷疑，豪邁的畫上吧！現在你已經用行動破解這些限制自我的框架，告訴自己這些想法與行為將不再出現，也請在生活中付諸實現。

大腦排毒實現願望

你喜歡旅遊嗎？最想去什麼國家呢？

我是很喜愛旅遊的人，在還沒成行之前，我也常常「觀

想」出國旅遊的景象，「觀想」有點類似觀看，但是不是用我們的眼睛，而是用心靈去想像。所以要在腦袋瓜裡想像之前，要先去找些美好的圖片，或是看著櫻花大道的DVD，然後去想像自己旅遊時的景象，讓自己的身心靈都沉浸在夢想成真的喜悅，利用這個方法，很多旅遊計劃也自然成真了。

這個方法就是「將願望視覺化」，對於自己的願望不但要很精細的去想像它，有機會最好還要真實的去觸碰它。

還記得有次課堂上大家討論起自己的夢想，有位學員說他很熱愛跑車，收藏了很多模型，買了很多雜誌，不論哪款他都介紹得津津有味。

於是我問他：「這麼熱愛的話，你應該有開過跑車吧？」

他搖搖頭說：「沒有。但是有次開車在等紅綠燈時看到一輛超跑，於是我把車停到路邊，大膽的向對方要求坐看看駕駛座，沒想到對方一口就答應，這是我最接近跑車的一次了。」

我好奇的問他：「既然都開口了，為何不要求駕駛看看呢？」

他回答我說：「我沒有手排駕照啦！」

我驚訝的問他：「這麼熱衷跑車，居然連手排都沒去學

嗎？」

如果是你真心想要的東西，怎麼會連操控它的能力都不想具備呢？所以他在心中根本就認定自己不可能買得起，連去考取手排駕照都沒有做到。

有句話說得好：「先像有錢人，才會變成有錢人。」

如果你想要財富自由，同樣的也是要先想像自己變成有錢人的樣子，改變心中的自我設定，才能開啟願望的大門。不要再看負面的新聞，多找美好的圖像，可以想像置身其中，多看充滿富裕景象的電影，不要老看一些恐怖片、悲傷的電影。

多接觸美好的事物，體會當自己擁有這些時的感受氛圍，一定要假戲真做，堅持不斷將正面圖像輸入潛意識中，直到負面圖像完全被排除，這個方法我稱之為「大腦排毒法」！

大腦排毒法的要點：

要不厭其煩的向自己描述事物的圖景，直到閉上眼睛都能看見的境界！

財富像一面鏡子，你笑它也笑，你哭它也哭，所以當你的腦中充滿了美好的圖像，就距離目標不遠了！

《秘密》

書中討論許多關於「秘密」的力量與訣竅，而有關金錢的秘密，摘要如下：

＊**要吸引金錢，就要專注在富裕上**。專注於金錢的不足，就不可能在人生中帶來更多金錢。

＊**利用想像力，假裝你已經擁有你想要的財富是很有幫助的**。上演擁有財富的戲碼，能使你對金錢的感覺變好，當對金錢有了好的感覺，就會有更多的金錢流入你的人生。

＊**當下就感覺快樂，是為人生帶來財富最快速的方法**。

＊**刻意去看你喜歡的東西，對自己說：「我付得起。我可以買下它。」**你就會轉變你的想法，對金錢的感覺就會變得更好。

＊去給予，好讓更多的金錢流入你的人生。當你慷慨使用金錢、對分享金錢也感覺美好，等於是在說：「我有很多錢。」

＊觀想信件裡有支票。

＊讓思想的天平傾向富裕的那一端。要想著富裕。

其實，秘密一書我自己每次讀都有不同的領悟，因此有時候一本書絕對不是只看一遍就可以獲取力量，建議大家好書多看幾次，或許你也能獲取書中的黃金屋。

關鍵練習

　　現在讓我們一起來練習致富的各種小技巧，將任何小事物聯結到在未來的大夢想上，要練習到任何一件小事都能觀想及聯想到你的夢想，像在刷牙時，想像自己是為了環遊世界時可以吃美食，把這種想像力發揮出來，美夢成真的日子就不遠了。

　　例如：讓生活中的每分每秒都充滿致富的感覺，簽名不只是簽名，要練習簽下豪宅權狀的感覺。想像自己成為豪宅主人，逐漸拉近與目標的距離。

1-3 務必拋開「賺錢很辛苦」的思維

> 我們遠比自己想像的要富有多了。
>
> ——法國啟蒙時期思想家　蒙田

　　作家侯文詠，辭去了臨床醫師的工作，成為一位專職作家，也常常有演講或上電視接受訪問的機會。

　　他在自己的書中寫道：

　　我記得很清楚，有一次回家鄉演講，請我的父母親到場聆聽。那次演講結束，我領了一筆酬勞，請他們吃晚飯。吃飯時，父

親不解的問我：

「你就那樣講話，他們就給你錢？」

我點點頭，表示本來就是這樣的啊。

看得出來，我覺得理所當然的事，在我父親看來不太能理解的。

是啊！上台說話就能賺到錢，對於過去講求「愛拼才會贏」的年代來說，好像不是很踏實的作法。侯文詠的轉職也讓母親很感慨：

「小時候一直希望你變成醫師，不曉得你將來會當成作家，要當作家的話，讀『閒書』就是你的正事。早知道是這樣，那時候不但不應該限制你讀『閒書』，反而還應該鼓勵你才對。」

絕大多數人都被父母與學校教育要求做個乖寶寶、好學生，好好考試、上大學、找份好工作、然後安家立業，這無非是希望我們能夠安身立命，但卻也限制住我們的發展。特別是在現今變動快速的時代中，領死薪水頂多讓你維持基本生活；我不是反對上班，而是在這時代，你必須有創造多重收入的能力，才能提升你的生命品質。

致富是場心靈遊戲

我們花了十多年的時間在學校所接受的教育，都是為了找一份好的工作，因此教導大家如何受雇於他人，靠「出售時間」以賺取薪水，這種代代相傳的觀念，在快速變動的現在，已經不適用！

很多人總是質疑自己的生活，為何日復一日過著左支右吾的缺錢人生，雖然心中渴望能一夜致富，但是別說採取行動了，連對金錢都缺乏正確的心態。

以我自己為例，我是個「菜二代」，也就是菜市場長大的小孩，從小就看著雙親不論刮風下雨也要出門擺攤，我的母親總是告訴我：「賺錢很辛苦。」

我長大後也因此選擇了「辛苦」的創業，我的單車店開張以後，為了讓經營步上軌道，凡事我都親力親為，就連扛車、修車……各種勞力性的工作我都會參與。每次進貨都要扛好幾十台的單車，那個重量可不輕，而且到了炎熱的夏季，我窩在小小的單車店裡修車，就要中暑好幾次，真的符合我的想法「創業要辛苦」。

可見無意間被灌輸的「金錢模式」是如何強烈的影響我們。經過這幾年的學習及閱歷，我認為貧窮真是一種心靈疾病，因為這樣的人總是在詆毀金錢的正面能量。「真討厭，物價高漲」、「真煩人，沒錢買車」，每天抱怨連連的人只將精力花費在一些無謂的事情上，**所以想要擺脫貧窮，就要拒絕一切貧窮的思考，為了致富，連聞到一絲貧窮思維都要避開。**

我們要的是幸福、歡笑、健康，而金錢只是其中的過程與工具，所以不需要說金錢的壞話。日子當然可以簡單過，但是不可以限制自己的發展，沒有人天生要辛苦賺錢過生活的。

總之，多跟正面積極的人接近，磁場會在不知不覺中潛移默化，並且也要常常對自己說：「我天生就是要來享受幸福，就是要來過好日子的。」

賺錢要好玩才長久

窮人不一定是懶惰，有時反而勤勞過頭，拼到潛意識討厭賺錢或工作，或是忙到沒有時間去瞭解市場變化及新商機，只

是悶著頭做，但是如果不知道市場的轉變很容易被時代淘汰。

我們也常在新聞雜誌看到某些企業人物在宣傳工作要努力，要全心全意投入；老實說，通常這是講給他的員工聽，希望這些員工為公司賣命。其實，有錢人更重視休閒娛樂，因為這才能讓他們身心維持在最佳狀況，以應付事業的挑戰及樂於賺錢。

隨時隨地都要告訴自己：「將工作樂趣化，絕不勉強自己；輕鬆才是王道，我賺錢越來越輕鬆。」

當然這不是要你只撿輕鬆的工作去做，而是找自己做了會開心的事情。每天的行程也不能排太緊，要適度放鬆，因為每天開心工作，才不會累積負面能量。

現在，試著想想自己現在的事業或工作，是主動選擇的，還是被迫接受的？你做得開心嗎？光這點就可以看出你會不會變身有錢人，可否創業成功。

因為，有錢人在賺錢過程充滿樂趣；窮人在賺錢過程充滿不情願。所以我常常在講課結束後，去吃一頓大餐，或是來場腳底按摩，打造愉快的心情，讓我越來越熱愛自己的工作。

下列幾個重要的觀念帶給大家，藉以調整狀態邁向成功：

1. 時常練習迅速主動放鬆。

2. 少跟會散佈壓力的人在一起。

3. 寂靜可以解決一切問題。

4. 憂慮將來完全是毫無意義的事。

5. 自由自在比得第一來得重要。

6. 別為數字而活。

親愛的讀者，累過頭會影響我們對心靈的控制，所以千萬不要過勞，在工作之後別忘了犒賞自己，來個頭皮精油洗髮，或是美甲彩繪也不錯。

放鬆一下真的是太重要了！現在就跟著我一起大聲唸以下宣言：

致富宣言——

我一定要輕鬆賺錢！

賺錢機會自動會找上門！

不擔憂就有答案

創造財富的過程中，要好玩愉快才長久，我以前不懂這

個道理，做事都是用拼命的，但是並沒有因此而財富自由。現在我知道做事要認真，但是不要強求，我經過了自己創業的過程，走過艱難的一趟路之後，發現其實也沒什麼大不了的，問題這種東西可大可小，改變想法，就改變了事實。

如果老是在擔憂問題發生，自然無法向前邁進，我們往往在想像著「最糟糕的狀況」，藉著這個想像質疑自己，但是其實這些擔憂的事情百分之八十不會發生，也就是說，我們浪費了許多力氣在思考一些微不足道的事情上。

《老人與海》作者海明威：「你擔心的事，99％不會發生。」

我個人看法認為，如果你覺得問題很大，是因為你把自己想得太小了。一個人的一生，就是自己對人生想法如何所造成的結果。有錢人對待恐懼的態度就是做好面對它的狀況。所以不要在擔憂中思考，這些都是不必要的，每天都要輕鬆快樂。只要能夠安心就寢，相信睡醒自然有答案，如果還沒有發現答案，就去做別的工作吧！因為你所要的答案將會在該出現的時候，浮現腦海。

關鍵練習

　　想要願望實現，在許願時一定要是真心希望的，但是大家真的瞭解自己內心深處的願望嗎？

　　台灣社會長年以來的「一窩蜂」文化，從早先的葡式蛋塔風潮，到之前大家瘋狂的雷神巧克力，人們在追求流行之時，都忘了停下腳步看看自己是否真的喜歡追逐這些東西。我認為每天在工作之餘，很需要靜下心來審視一下自己的內心目標。

　　現在就從生活習慣上開始練習吧！

　　舉個例子，在餐廳吃飯要決定菜色時，不要回答：「隨便」、「都可以」、「和大家一樣就好」。

　　試著問問自己的內心「想吃什麼呢？」善待你的內心，它才會回報「真」心。

課程心得

感謝俊傑老師的教導，讓我從一位找不到工作的單親媽媽，順利找到工作，同時也在家經營自己的烘培坊，並利用上課所學，在網路上銷售。

這些技巧幫助我很多，讓我有更多時間與小孩相處。

我建議每位想要創業的單親媽媽，一定要參加俊傑老師的課程，他的教學內容與坊間的課程完全不同，讓我們立即擁有創造金錢的能力。

感恩，祝俊傑老師愈來愈成功

朱珮婷小姐

第一章 腦袋向「錢」一步，人生開始富有！

1-4 不懂花錢
如何賺得了錢

> 成功並非來自大學教育裡的艱深理論,而是要去瞭解人們想要什麼,讓他們心甘情願地付錢。
>
> ——溫蒂漢堡創辦人　戴維湯馬斯

世界冠軍吳寶春師傅的麵包店,在台北開張後,天天都大排長龍,連遊客也慕名而來購買,許多媒體雜誌也紛紛報導,只有國中畢業的他為何能夠成功呢?

吳寶春在二十八歲時曾在品屋蛋糕擔任科長,但是即使研發新款麵包,店裡的營業額卻仍然逐漸下滑,於是他找上每天

都門庭若市的堂本麵包店主廚陳撫光，希望能為他指點迷津。

當時陳撫光的一句話給了吳寶春當頭棒喝：「你知道你的顧客要的是什麼嗎？」

原來赤貧出生的他從小到大沒吃過什麼好東西，「品味」對吳寶春來說，根本就是全然陌生的感受，他開始跟著陳撫光品嘗紅酒、義大利菜、法國菜，磨練味覺的敏銳度，不僅如此，陳撫光還教他聽古典音樂、爵士樂、學種花，開啟他製作創意麵包的大門。

陳撫光曾說：「吳寶春當年的盲點在於不懂得享受，他心中的享受只是下班後去吃海產攤和喝生啤酒，不知道什麼是精緻的生活。」是的，由於沒有見識過多樣化的食材，自然無法作出感動人心的味道。

瞭解精品的價值

你愛花錢嗎？

想必沒有人說不愛吧！

只是，花錢也有懂得與不懂的分別，所謂懂得花錢的人，對於商品的價值比較能夠分辨；不懂得花錢的人，就容易買到不對稱價值的商品。究竟怎樣的花錢才是有價值的花錢法呢？

　　一件裙襬打摺、俐落剪裁的洋裝，裡布選材使用百分百天絲棉，柔軟透氣的觸感，不僅穿出時尚，更增添這件洋裝的價值感。裡布雖然穿起來時看不到，但是最重要的功能就是要能吸濕、保暖。所以選擇一件好的衣裳，可不是只看穿起來顯不顯瘦，還要穿得舒適才能顯現真正的價值。

　　因此，別以為全身上下穿戴名牌，外表打扮得光鮮亮麗就是懂得花錢，想要花得有價值，就連隱藏在商品內的成分都要講究。

　　某間老字號的西服店，多年的經驗讓老闆對自己的眼光與品味別具信心，因此他打算打造一間國內頂級西裝店。於是拿一件國際名牌Armani西裝給店裡的老師傅拆開研究，結果經驗豐富的師傅竟然無法縫回，由此可見Armani的縫工有多高難度，讓經驗老道的師傅也不得不折服。

　　其實，精品最重要的就是品質，以皮件來說，頂級羊皮或小牛皮的處理，除了取自牛、羊的最佳部位之外，在處理程

序、作工上，還需要高深的技術，這些技術可能來自傳承幾十年、上百年的師傅。所以在購買精品時，除了可以帶來名牌效益之外，最重要的當然就是要購買它的品質。

花錢消費除了瞭解品質，還有更重要的目的就是培養足夠的購物經驗，有了豐富的經驗值才能比較商品的CP值高低。

如果只捨得買便宜貨，飲食也只敢吃價廉物美的，捨不得花錢購買舒適的、更方便的或是心愛東西，那怎麼瞭解商品好壞的區別呢？

就以我的母親為例，她秉持傳統婦女勤儉持家的美德，連玩樂都要遵守這樣的宗旨，每次玩完回來，問她好玩嗎？

她老是說：「還好耶！那邊也沒什麼好吃的，風景也不怎麼樣。」

這樣真的反而在浪費錢，為了改變她的金錢觀，有次，我們一家人一起去日本玩，我預定了高等級的行程請他們盡量享受。住在迪士尼樂園附近的飯店裡，各種卡通人物的裝潢、用品也勾起母親的童心，興奮的仔細觀看把玩。這次的行程不但吃得好住得好，連導遊都很細心，看她們滿足的笑容就知道他們玩得很開心，雖然花了不少錢，但是覺得很有價值。

櫻花季過了才去遊覽，只因為行程比較便宜；餐廳隨便選，因為只要吃得飽就好。帶著這樣的想法，怎麼會看到最美的風景？怎麼會吃到當地的美食？不浪費是種美德，但是省吃儉用到看不見美麗的風景，就是限制自己的金錢觀了。正確的金錢觀念如下：

賺錢的目的——

不僅「擁有」金錢，更要「使用」金錢，才能彰顯金錢的價值。

花錢才有動力賺錢

小時候想要玩具，長大後的你想要什麼呢？

其實，成為大人後還是可以擁有「想要的東西」，找尋一樣自己的愛好並樂在其中，如果不敢大膽追求自己的慾望，又怎麼有野心要賺錢呢？**慾望本身就是目標，就是夢想、就是企圖的化身，也是行動的動力！因此要賺錢，你必須先有花錢的慾望。**

記得小時候，父母帶我去逛街，看到一間看起來就很高級的玩具店，媽媽馬上說：「那間的東西很貴我們買不起，走吧！」

於是，我連進去看的機會也沒有就離開那間店了。這讓我記憶深刻，相信很多人也有跟我類似的經驗。因此，從小的觀念就是「貴的東西我買不起」，自然而然就限制住自己的發展與企圖心。

「想要」就痛快地付錢吧！當然，本章節所提的絕非要大家過度消費，相反的要尊重你的錢，否則你的錢不會尊重你。何謂尊重錢呢？那就是每項花費都要帶來對等的價值。例如，買一只名牌包包，如果這能幫助你賺更多錢，那當然值得買。因此只要花得起的話，請多善待自己一點，用自己賺來的錢花費在心愛的事物或玩樂上，或讓自己成長，或用來拓展視野，或讓家人享受更好的生活品質，其實能讓人更有賺錢的動力。

我常說：「有錢人在意價值；窮人在意價格。」

所以現在帶孩子上街，只要看到高級的商店，我都跟他說：「這東西好有價值，我們來看看為什麼這麼有價值呢？」

金錢所帶來的不只是物質上的享受，更重要的是心靈的體驗，如果每天一碗魯肉飯就能吃飽了，因此不願上館子吃吃日本料理，嚐嚐義大利美食，那麼就無法察覺世界上有這麼多新奇有趣的事物了。千萬要記住！你可能節省下一千元，甚至一萬元的支出，但是也同時失去了帶來數倍收入機會的將來。

關鍵練習

當我們有慾望要消費時，那乾扁的荷包總是令人打消念頭，所以在錢包中放入自己所需的兩倍以上金額，以產生「我有充足經濟能力」的安全感。因為合理思考會消滅人的慾望，結果免不了妨礙我們養成大富豪的習慣。因此，先不論你現在是否買得起或辦得到，請列出至少五項你的慾望或夢想。

如果你想不起來，那就代表平常你的企圖心太小，現在就快打開大富豪的開關吧！

例：我每個月擁有超過十萬元的被動收入時，我一定要(也可自己填入你自己可以達到的數字)

1. _____

2. _____

3. _____

4. _____

5. _____

1-5 賺錢的動機是關鍵

> 當你有了動力,設定目標並勢如破竹的追求它們,人生便有了意義。
>
> ── 勵志演說家　萊斯·布朗

　　我研究致富心理長達多年,並且與為數眾多的學員交流,我發現,許多人的內心,都存在一些問題,讓他們失去動力。

　　外顯的情況,就是抱怨、懶散、宅在家裡上網,看大量負面新聞、工作乏力、沒有人生目標、只想不勞而獲、甚至偷雞摸狗。

經過我深入觀察，發現這是工業化教育所遺留下來很大的問題，因為學校只在意成績，並未真正啟發每個人的天賦特質。事實上，每個人都應該是與眾不同，每個人都應該有不一樣的成長過程，但是，工業化的教育模式之下，不禁讓我們失去了探索自我的機會，更可怕的是還希望每個人都應發展成為同一個樣子，一旦不遵守這套價值觀，就會被冠上不守規矩的標籤。

　　於是不遵守這一套價值觀的人，就會被迫不斷質疑自己到底是為了什麼在努力？這個動機，如果沒有找出來，人生會非常缺乏動力，則做什麼都提不起勁，更不用說是賺錢了。

　　其實人如果能察覺內心的聲音，真正明確自己的人生方向（不受任何人影響，例如父母、夫妻、朋友、師長、社會價值觀），則許多人生問題，都會迎刃而解，包括求學、工作、賺錢、家庭、婚姻等問題。

　　很可惜，我們的教育並未能提供這種服務，所以很多人活了一輩子，都不知道為何而活？

動機要明確，才會有動力

在與眾多學員交流及我個人的經歷後，我發現只要能恢復內心力量，賺錢真的是很簡單的一件事。難的反而是要如何讓內心力量恢復。

我在我的課程中，有許多精心設計的活動，能協助學員們走出心靈迷宮，找出自己的方向。在此分享一個簡單的方法，就是假設在決不會失敗的情況下，你最想做什麼事業，是對這世界及自己有幫助，同時又可以賺到錢的？

這問題，可快速幫你找到你的事業大方向，有助於讓你專注。提供長線的目標，有時正好可以解決短線的問題，因為人們通常把短線的小問題看的太大，而困在原地，此時若能先找到人生長線的目標，為長線目標所做的努力，正好都可以解決短線人生問題，真的是很有趣，也是超級有威力。

有位女性學員，來找我諮詢的時候，不僅欠了一堆卡債，也與公婆不合，老公也要求離婚，且整天充滿怨氣的她，負能量也感染給一歲的小兒子，不願與她親近，她想在網路創業，賣手工甜品生意也不好，人生可謂陷入谷底。整個人都被纏在

這些困擾中，動彈不得，心中很苦。

在義務協助下，我與她進行了諮詢，先幫她釐清了她的內心問題，請她務必先放下怨恨，並幫她找出人生長線目標，並鼓勵她，在現實上先專注處理金錢問題，務必在最短時間內，讓一些金錢流入她的生活中。因為金錢就是能量，就是生活潤滑劑！

在我鼓勵下，她先放下與夫家的心結，心無旁騖的在一個月內，先增加一些財富，果真，當第一筆錢進來後，她的自信心及能量就增加了。當一個人能量提昇後，很多原先不曾想過的解決方案，一一浮現，後來各項糾纏她的財務、親子、婚姻問題，也漸漸好轉。

「賺錢」的真意

各位，我們身處在一個需要藉由金錢流動，來交換各項能讓人生更豐富的物質世界中，而金錢就是其中最有效率的交換工具，所以，要好好想想，真的是為了「賺錢」而工作嗎？

如果你還是這樣想，那你真的還未開竅，尚未覺醒，「賺錢」的真意，是為這世界提供你能提供的，並換取你想要的交換過程而已。

如果你想要享有大量財富，就必需提供大量價值，而你要能提供最大價值，你就必需先明確你的動機，才會有力量，否則看到別人在網拍，你也去網拍，看到人家投資房地產，你也去看看，聽到別人股票賺錢，你也試著買看看，最後，我敢保證，你絕對賺不到太多錢。因為動機不明確，方向不是發自內心的。

課程心得

每天朝九晚五固定上班，生活真的很無趣，薪水不高，但又想不出方法，就這樣一年過一年。

真的很高興能參加『賺錢 Follow Me』密集訓練。

我終於知道我的問題所在了，還好發現的早，不然還不知道要被錯誤的金錢觀念耽誤多久。

現在我終於能在沒有本錢的狀況下，開始兼營自己工作之外的生意了。

台北－黃先生

1-6 找對教練，激發致富潛能

> 徵詢意見不是示弱，那通常是尋找前進的第一步。
>
> ── FACEBOOK營運長　雪柔桑德伯格

「我知道當你一開始游泳時，不太敢把頭放到水裡。」游泳教練精準的指點著選手。

「哈哈，是啊！我是有一點緊張，要開始從事新東西真是有點害怕，所以我才決定從仰式開始學。」游泳選手如實的點頭答道。

這位游泳選手就是奧運金牌紀錄保持人菲爾普斯，而他的教練包曼，早在菲爾普斯十歲時，就成為伯樂，一眼相中他的潛力。包曼和其他游泳教練最大的不同，除了指導泳技，還非常擅於調整菲爾普斯的情緒，他認真的告訴菲爾普斯：「我給你的訓練是讓你速度變慢嗎？不，我的訓練是讓你成為全球最棒泳者。」

飛魚菲爾普斯感恩的表示：「他總是能逼出我最好的表現，他知道如何駕馭我，讓我使盡渾身解數，如果我是由別的教練指導，就絕對不會有今天。」

除了飛魚菲爾普斯本身天賦異稟之外，當然也要歸功於他的教練包曼，包曼依照菲爾普斯的身體特質，來調教這位高潛力的門生，同時依據他的情緒和心理狀態，適時調整訓練狀況，才有這番令人刮目相看的好成績。

想致富先找教練

人生就像騎單車登頂，該如何能成功登頂呢？當然是去問

那些已經騎到山頂的人，因為只有他們熟悉路徑，所以想要登上高峰最好的方法，就是運用已經有實際戰績的有效方法。

同樣的，你希望快速致富嗎？在這世界上沒有永遠的方法，只有永遠的學習，因此，一定要有一個「教練」當你人生的嚮導。

試想看看，當孩子英文不好時我們會幫他找老師；想要組一個球隊時也要先找教練；但是對於自己的財務、自己的人生，我們怎麼都不願意找好教練呢？

其實我就是個例子，當年投入全部資金去開單車店，熱切的認為自己是「築夢踏實」，卻沒想到自此痛苦不已，因為我不但沒有創業經驗，也沒有創業的教練。說真的，那時也不知道需要找創業的教練，雖然找了老師傅教我修理腳踏車的技巧，但是老師傅是家傳事業而非自己創業，因此關於創業該有的心態與方法，並沒有人教我，所以一路走來真是心驚膽跳。

這段期間我也一直反覆問自己到底出了什麼錯？但是卻苦思不出答案！

就在我的人生處於如此低潮時，老婆送了我幾本書，其中一本正是哈福・艾克《有錢人想的跟你不一樣》，這書開啟了

我完全不一樣的思維，在看這本書時才發現「天啊！有錢人真的跟我想的不一樣。」由於這本書字字句句都那麼震撼，因此這本書對我來說就像葵花寶典一樣。

我整整看了不下三百次，每字每句我都用心體會，我真的感覺「無知的代價太高了」。無知就是浪費你的青春及金錢，又得不到你要的，從此我發誓，我要傾全力學習一切能成功致富的知識，任何困難都阻擋不了我，所以即使當時我已一窮二白，我還是勉強搾出最後一點錢，報名了世界大師的課程，飛到其他國家，長達半年的學習，這決定也改變了我的人生。

之後，我更精進了，直接跟隨世界大師學習成功之道，原汁原味的吸取精髓，這可說為我打通任督二脈，以前自己看書不求甚解之處，慢慢豁然開朗。 因此，我的成長速度有如火箭飛上火星，而且不僅自己充滿能量，也成功幫助更多人改變自己的人生。

擺脫人類的危險特質

我們一生中總有漲跌，但是不能擺爛讓自己一路跌停板。那麼該怎麼起死回生，甚至能夠大放異彩呢？我認為一定要找好教練，因為：

付出代價向成功的人學習＝付費走捷徑
當你願意這麼做，就能縮短自己致富的時間！

或許有人認為自己已經很厲害了，應該不需要教練，如果抱持這種心態自然無法更上一層樓。**哈福‧艾克就曾告誡人們：「人類最危險的三個字是——我知道」**。雖然你可以自己摸索，但是這可能要花較多的時間，而且繳給市場的學費也許更高。

當然可以藉由研讀相關書籍為自己帶來豐沛知識，因為書中自有黃金屋。不過，光看書可能還是有不太懂的地方，此時建議讀者一定要去課堂聽聽專家怎麼教。如果你對料理有興趣，可以去上上烹飪課程；如果你對投資有興趣，可以去聽聽

理財課程。

花時間
自己摸索

從書中
尋求解答

聽聽專家
怎麼說

在運動界或競技比賽上，幾乎所有的成功者都有教練，女性高爾夫選手排名登上世界第一的曾雅妮，資質和努力當然是最重要的因素，但如果沒有一個世界級教練指導，她可能不會有這麼多世界冠軍的成果。為什麼這麼專業的球員還需要教練？

教練除了傳授技術以外，還能分享他寶貴的經驗，最重要的是看清自己看不到的盲點。所以想要致富當然需要教練，就連股神巴菲特也有自己推崇的大師，他曾說「我的血管裡85％流著葛拉漢的血，15％流著費雪的血。」巴菲特融合了兩者的理念與邏輯，創造出驚人的財富，也成為別人眼中的大師。

找對人事半功倍

有本書《Vicky & Pinky單車環球夢》，介紹兩個女生騎單車走訪了三十多個國家，最後從非洲最南端的好望角回來。

當時，我看完這個故事之後就非常嚮往騎單車旅行，也認為自己充滿著這樣的精神。雖然退伍後考上海運公司，但是心裡卻有一股聲音在猶豫著該不該進這間公司，當時我就去請教了學校的老師，老師一聽就對我說：「這麼好的工作，當然要去啦！」

於是我聽了老師的建議，進入這間公司，只是三年後，我仍然離職了。其實，老師並沒有錯，而是我問錯人了。如果同樣的問題去請教這兩位騎單車的女生，應該就有不一樣的回答了。所以究竟該如何找到自己的財富教練呢？

世界上沒有最好的方法，只有最適合自己的方法，但是對方要夠專業、夠客觀、經驗豐富，**因為沒有人能教你他所沒做過的事，所以只要能帶給你正向改變的，都是好的教練，都是對的教練。**

在選擇上，我認為有幾個重點：

一、 不盲目跟風：

從哈日族到韓劇發燒，許多人盲目的追隨劇中角色穿著打扮，但是並非穿上日劇「家政婦女王」中女主角松嶋菜菜子的義大利名牌羽絨衣就完美了，也不是跟隨韓劇男主角的搭配哲學就有型了。沒錯！如果沒有瞭解自己的內心需求，只是盲目跟風，反而失去自己的特色。所以找教練前也要先思考一下自己想學什麼，不要因為目前流行的課程就去上。

二、 不崇尚名牌：

各位喜歡買名牌包嗎？不論什麼包，重點還是材質，只要是真皮的包包，自然有其價值。我曾經上過一個國際名師的課，他穿著輕便的夏威夷衫，內容幽默風趣，也非常發人深思，信手拈來都是教材，讓學員們各個收穫滿滿！因此我認為課程也絕非貴就有用，而是要只找實戰派的教練。

三、拳法一派學到精：

什麼都想學，卻什麼也學不好，空手道練一練又去練拳擊，一上場反而不知道要出什麼招式。每個領域總是有五花八

門的派別，在上課前請先瞭解課程的內容，再三確認講師是否是你要的，然後信任老師，將自己重新歸零。多觀察教練與朋友、家人的關係，人生要全方位思考。我自己也會去複習世界大師的課程，因為拳法一定要學到精，內化以後，才能成為自己的拳腳功夫。

總之，這位「教練」必須攀登過成功的頂峰，他知道山的形勢，會面臨什麼挑戰，知道該怎麼去做。最重要的是，他知道什麼事情不該做。

關鍵練習

找教練其實也不一定要捨近求遠，我認為關鍵就在於自己要「保持開放的心」，下面我們一起來做一個練習。

聽到電話行銷「您好，這裡是幸福銀行，這裡將提供您一筆優惠貸款。」

這時你的反應是：

A. 馬上回答：「謝謝，不需要。」

B. 聽完後，再看看自己有沒有需要。

C. 仔細聆聽，並且對於各種疑問還會打破砂鍋問到底。

各位讀者想想，請人幫我們上課還要花錢，而電話銷售員的一通電話可以讓我們免費瞭解一個產業，還不用花自己的電話錢，何樂而不為？因此我通常會採取C的作法，你會發現一旦開始這樣做，合夥工作的專家也多了起來，專屬你的教練團隊自然也會慢慢建立。

三人行必有我師，每一個人都有值得學習的地方，當自己目標明確更可以找到自己的教練團隊，累積財富邁向幸福人生。

課程心得

這課程與我在學校上課類型完全不同，精采的內容讓我一整天全神貫注，如果學校的教授也這樣教的話，不知道有多好！

在此謝謝約我來上課的舅舅，不然我沒有機會認識俊傑老師。

老師您真是太棒了，謝謝您的教學，也謝謝營隊中的每一位同學，謝謝您們在活動中100%支持我，讓我重新恢復長期以來最缺乏的自信心。明年我正好要大學畢業了，我現在有信心及能力，勇敢迎向我的未來，我相信我可以開創自己的一片天，並因此致富。

大學生 Kevin

第一章 GPS財富思維導航

* 在紀錄「京騎滬動」的《夢想的騎點》書中，俊傑寫下「這世界總需要一些冒險故事；勇於嘗試，你就可能是故事的主角。」也分享給每一個希望成為主角的你。

* 俊傑的座右銘「創造財富的過程中，一定要充滿樂趣」

* 理想必須具有穩定性與確定性，頻繁更換只會消耗力量。

* 我們內在的能量絕對不輸給任何一位成功人士！

* 內心安靜是非常重要的，這樣才能讓動機更加清晰。

* 好的金錢使用習慣：存錢就像減肥一樣，一味苛待自己，通常效果都無法持久。只有懂得「健康」的花錢、讓心靈富裕，才能邁向致富之路。

* 一次只做一件事，別管他人建議，自己掌握速度，別人永遠不是你。

＊對於愛批評的人，請盡量遠離，不斷畫負面圖像，對自己沒有幫助。時時刻刻專注於內心，過濾思想，always feel good！

＊今日學習巴菲特、明日跟隨索羅斯，這樣是賺不到錢的。

＊小心非成功人士的任何建議，出於善意也要提防，特別是親近的家人或朋友。

第二章

多重被動收入，
比想像容易！

2-1　下班後賺更多，
財富自由的真諦

> 只把工作當「飯碗」，這個飯碗就會越來
> 越破；如果不顧一切的愛上工作，工作不
> 但會變成一隻「金飯碗」，而且這隻「金飯
> 碗」會盛滿成功、幸福和健康的生活態度，
> 源源不斷的回饋給你。
>
> 　　　　　　　　　　　　　　　—稻盛和夫

　　在熙熙攘攘的日本地下鐵內，西裝筆挺的業務員急急忙忙從電車下車，趕著要與客戶見面，眼見約定的時間將到，突然發現自己忘了帶名片出門，這該怎麼辦呢？好在車站裡就有一台超級便利的名片自動販賣機，不用特地再跑回家去拿名片，

只要投入一千日幣，填好資料，靜待三分鐘即可製作好一份名片，馬上解決了業務員的燃眉之急。

我在日本旅行時，就對當地自動販賣機感到印象深刻，根據日本販賣機製造協會的統計，日本平均每二十二人就有一部販賣機，可說是密度最高的國家了。而日本的販賣機商品也是五花八門，除了飲料之外，還有許多你想像不到的商品，無論是蔬菜、關東煮，還有領帶、印章應有盡有。不僅商品種類繁多，連創意也是天馬行空，例如羽田機場就有一台「拿鐵藝術」自動販賣機，不僅賣咖啡還可以特製拉花般的藝術圖像，讓自動販賣機的價值無限發揮。

學習聰明的有錢人賺錢方法

販賣機的概念，有沒有啟發了我們什麼賺錢思維呢？

舉個例子，有一位刻印章的師傅，每天都要守在店裡付出勞力與體力才能賺取收入，假如他可以利用「印章販賣機」為顧客服務，客人上門只需要在自動販賣機上按幾個按鈕，就可

以取得自己的印章，那麼這位師傅不用把時間通通綁在店裡，也能有源源不絕的收入。

　　這種獲利模式是不是很吸引人呢？在瞭解這種賺錢方法之前，這個章節先讓我們來說明收入的概念。收入主要分為兩種：

　1. **主動收入**：即是勞動收入，你必須花費時間或體力才能獲取收入，也就是我們的工資收入。比方上班一週五天，一個月可以領多少薪水；或是設計師接一個案子多少錢，必須設計多少款商品等等。

　2. **被動收入**：沒有你都能運作的商業活動，提供持續性收入，比方說：房屋租金、版稅等等。想獲取這類的收入，我們必需思考的是像自動販賣機這種獲利模式，不需本人在現場即可銷售產品，錢就源源不絕從天上掉下來，也就是躺著就能賺錢。

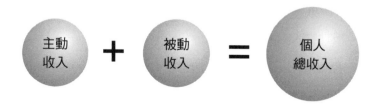

　　那麼，有錢人的財富來源主要是「主動收入」，還是「被動收入」呢？

所謂「主動收入」就是有做才有錢領，如果沒做當然會面臨沒收入的狀況，有時也會因為一些不可抗力的因素而被迫中止主動收入，例如無薪假、疾病……等等。所以，這絕對不是聰明的有錢人的財富主要來源，他們主要都是利用「被動收入」來達成財富自由的境界，完全不受限於自己的時間與體力，隨時可以因應上述發生意外時的情形，也不用擔心沒有收入來源。

我們常聽到「好好念書將來才能賺大錢」，一般人誤以為賺大錢要靠主動收入，所以希望念好學校，將來找到好工作，能夠有份穩定的高收入，但是難道高薪一族就不會遇到公司倒閉或資遣等問題嗎？

答案當然不是！所以，我們一定要瞭解「被動收入」的來源，才能當個聰明的有錢人。

被動收入兩大來源：

1. 投資收入：也就是有價證券的投資，如房地產、股票、基金、期貨等等，比較需要技術與知識分析，也就是利用錢在幫你賺錢。此外，任何投資都鼓勵大家要誠實納稅，通常大家遇到國稅局查稅，都會認為很倒楣，日本鉅富齋藤一人卻認為：

「國稅局是福神。因為國稅局通常只找有錢人，被國稅局盯上，代表公司營收良好、家庭富裕。」

其實我們只要誠實報稅，盡我們應盡的義務，愉快的賺錢，開心的繳稅，那麼財務報表品質愈好，企業也就會經營得愈順利，就能享受富足的人生。

2. 持續不斷進帳的事業型被動收入：也就是事業在幫你賺錢。其實這並沒有大家想像的困難，尤其是網路時代的發達，我們身邊就有很多這樣的例子，像部落格的廣告連結、傳直銷、版稅等等都是被動收入的最佳案例。

全世界的有錢人都是利用持續性的被動收入及投資效果變成富翁、富婆，曾為全球首富之一的股神巴菲特就是一個最好的例子，他積極投資理財來產生被動收入，隨著被動收入的金額增加，並利用複利效果產生無上限的被動收入。但是，不論操作任何投資，絕對不要作為唯一主業，建議各位一定要具備有零成本創業的能力，讓自己擁有多重的被動收入，致富之路才能長遠。

如果一般上班族如果沒有很多資金時，一定要多多嘗試事業型的被動收入，找到屬於自己的被動收入模式，被動收入

就好比一條涓涓細流，雖無法跟名江大川相比，但只要源源不絕，我們就能享受它帶給我們美好。如果你不想只依賴主動收入過活，那就要有決心打造自己的被動收入，不論任何人只要懂得增加被動收入，就不用被工作與金錢追得喘不過氣，即使一開始只是涓涓細流，但持之以恆，終有成為汪洋的可能。

真正的財務自由

當被動收入大於你的總支出時，就算是真正獲得了財務上的自由，但是一般人都誤以為是要在最短時間內，有一筆很大的資金來完成自己財富自由的夢想，事實上這個思維不是完全正確，因為難度過高，不容易達成。這裡也要分享一個我自己獨到的見解，想要財富自由其實應該要分為兩階段來完成：

第一階段：務必在最短的時間內增加很小幅度的被動收入讓時間重獲自由。每個月只要有超過工資的被動收入，你就能脫離職場，所以如果你一個月三萬元工資，只要有三萬元的被動收入，你的時間就自由了。

第二階段：完成夢想或許無法一次到位，但是當時間回收到自己手上，就有空開始找資源為達成財富自由而努力，這樣達成財富自由的時間才能變快。

我認為這是比較無風險的財富自由，所以一定要先支付你的日常生活所需，再來達到完成夢想的境界。

所以我們不一定非得要大富大貴，而是要先求得時間與財富上的自由，才能完成自己的夢想。

| 延 | 伸 | 閱 | 讀 |

《富爸爸‧窮爸爸》

書中提到努力爭取被動收入從長遠來看，付出的勞動力會越來越少，服務的人可以越來越多，等到年老之後得到的收入也會越來越多。

被動收入的資產可以分為下列幾類：

1. 不需我到場就可以正常運作的業務。我擁有它們，但由別人經營和管理。如果我必須在那兒工作，那它就不是我的事業而是我的職業了。

2. 股票。

3. 債券。

4. 共同基金。

5. 產生收入的房地產。

6. 票據（借據）。

7. 專利權如音樂、手稿、專利。

8. 任何其他有價值、可產生收入或可能增值並且有很好的流通市場的東西。

　　書中也提到作者認為：「當我說關注自己的事業時，我的意恩是建立自己強大的資產。想想看，一旦一塊美元落進了你的資產項，它就成了你的僱員。關於錢，最妙的是能讓它一天二十四小時地工作並且為你的幾代人服務。記住：作個努力工作的僱員，確保你的工作，但要不斷構築你的資產項。」

關鍵練習

　　假如你是名片設計師，一個月可以接50個客戶，萬一你想增加收入的話，還有多時間來接200位新客戶嗎？就算有夥伴一起服務的話，還是會面臨另一個挑戰：每個月不斷地找下一位客戶。

　　所以你需要一台名片自動販售機，來幫助你將名片設計成為被動收入。想想看你身邊在進行的工作或商業行為，可以用什麼方法漸漸幫你產出被動收入呢？

_____

_____

_____

_____

_____

_____

課程心得

從出社會到現在為人妻，講真的，自己的青春都不知道浪費到哪裡去了？由衷感謝今晚的課程，摸索了那麼久，今天終於知道自己存不到錢的原因，也知道為什麼工作都不順利。

心中的枷鎖在這次上課解開後，我真的快哭出來了，如果能早點覺醒，不知道人生現在會是如何？

不過一切不晚，謝謝俊傑老師的提醒，您教的我會記得。為了自己，也為了家人，我一定會應用所學，創造財富，同時做公益，活出最棒的自己。

電子業－小雯

2-2 「多重收入」不怕斷炊

> 斧頭雖小，但是經過多次劈砍，終能將一棵最堅硬的橡樹砍倒。
>
> ——大文豪 莎士比亞

　　穿著黑色斗篷的魔術師將手中的鉛筆穿透紙牌，當大家鼓掌叫好的同時，他優雅的摘下帽子鞠躬，突然帽子裡又飛出好幾隻鴿子，目不暇給的表演，讓人嘖嘖稱奇。

　　梁朝偉在電影《大魔術師》中飾演出國深造的魔術師，其中一句經典台詞說到魔術「就算是騙，也要勤學苦練。」的確，一個好的魔術師，絕對不只有一種把戲，而且就算是舊的

戲法只要能夠加上自己的創意，就是新的魔術了，這就是俗話所說「戲法人人會變，巧妙各有不同」的含意了。

背負多重事業

　　一個魔術師，除了會變魔術，還會丟球、吞劍，甚至做各種造型氣球……，深深吸引觀眾的目光，不只小孩愛看，大人也看得目不轉睛。這樣的魔術師完全不擔心客人會離席，因為他表演的戲法實在太多，讓人完全沒有心思注意其他事情。這個概念是要告訴我們現代人一定要有「多重事業」，才能讓你的客人無法離你而去。

　　有一次一位經營海外房地產的房仲業務員，特別來找我會面希望能幫他推廣宣傳，他花了一個小時口沫橫飛的解說了他們公司的產品，感覺得出他對產品背得滾瓜爛熟，聽完之後我進一步問他：「如果消費者對海外市場沒興趣，你們還有其他相關商品嗎？」他愣了一下，回答我說：「沒有。」

　　這時問題來了，如果你是這位業務員，當你花了大半天的

時間在客人身上，但是客人對你的產品沒興趣，而你也推不出其他東西吸引他，結果客人只有要或不要兩種答案，一翻兩瞪眼，不要就說再見，這是很可惜的。或許是公司的政策問題，但是也要檢討一下自己，為什麼留不住這位客人呢？

其實，這要回歸到下班後還有沒繼續精進自己，去瞭解更多資訊，去接觸更多商品。所以你可以去瞭解保險，或是去學習代書知識，讓人覺得你很有價值，就像是充滿秘密的魔術師，永遠不知道他的百寶箱裡還有多少你沒看過的魔術。

當你的商品夠多，客人對你的黏著度也會漸漸提升，就算他目前不買你的產品，但是未來有需要時，他一定第一個想到你，因為你的價值已經超出一般人的水準。所以，不論從事任何產業，最重要的就是要懂得：

增加事業體的橫向發展，
也增加了人脈的黏著度。

這個道理，不僅適用在自己的職場工作，也可以活用在增加被動收入上。上一章節，我們談論被動收入的重要性，這一

章節還要教大家瞭解多重收入的觀念，這就像是釣魚一樣，如果今天只用一條線釣魚，當這條線斷了，也就沒魚吃了，因此最好放很多條線，增加魚上鉤的機會。也就是說假使你有多重收入，即使失去了一種收入來源，還是有其他的收入可以支撐你的生活。

多重收入的經營

以目前的物價水準來說，光靠一種收入來源還真是不夠，一個便當從七十元漲到近百元，房價也一路狂奔，因此如果沒有更多收入來源，實在不足以應付我們的開銷。但是每個人一天都只有二十四小時，光上班做一份工作可能已經疲累不堪了，頂多晚上再兼一份工作就很了不起，如果想要兩份、三份收入或者是更多，究竟該要如何辦到呢？

擁有多重收入感覺就像一隻忙碌的蜜蜂，需要勤奮的工作，才有可能完成，我們也看過許多類似的故事，為了家庭生計或是經濟壓力，一大早就起來送報紙，白天再去上班，晚上

還要兼差當家教，光聽就覺得很辛苦。如果你也同時擁有兩到三份工作，一定也明白那種白天精力用盡，晚上爆肝、熬夜的感受，這跟我追求的「致富過程要充滿歡樂」完全背道而馳，當然也絕對不是我們所要的人生。

舉個我自己的一項被動收入，有位好朋友在南部做Facebook的廣告，我相當看好這個產業，於是我告訴他：「我願意幫你找北部的案件，你什麼事情也都不用做，只要幫我印名片就好。」對他來說，不用聘請員工，就多了一個新竹以北的業務，何樂而不為；對我來說，只需要到處發放名片，也沒什麼損失。

其實我也不具備很專業的知識，也沒有精彩的業務解說，但是因為我知道這將是熱門的商機，所以願意花時間去發這張名片。果真，大家對Facebook廣告都相當有興趣，結果也成功幫他介紹了很多的案子。

各位親愛的讀者，你看看我不需要熬夜爆肝，也不用精疲力盡，秉持著賺錢一定要好玩的精神，就能經營多重收入。而這秘訣就是懂得運用「寄居蟹吸金法則」，只要瞭解其中奧妙，相信你也一定可以。世界上有五百多種的寄居蟹，這群被

稱為「海邊的清道夫」的寄居蟹會寄居在別人的殼裡，利用別人的殼來成長茁壯。等到長大後，寄居蟹再丟掉舊殼，尋覓更大的新殼。

或許你想要有更多種的事業，但是一開始時一定沒有屬於自己的舞台，所以我們可以依附在別人已經壯大的事業下，慢慢培養自己的能力。當然這必須是良善的運用，就像「大飯店裡的小餐廳」一樣，很多大飯店的餐廳都是外聘廚師來經營的，只要你能找到適合自己的「大飯店」既可以建立自己的「小餐廳」，還可以為別人帶來生意，一舉數得。

因此，如果想要借用別人的舞台讓自己發光，就要考慮到彼此的互動關係，首先試著問自己幾個問題：

1.對方的優點在哪裡？

2.對方的限制又在哪裡？

3.自己如何與對方分工對「對方」最有利？

4.對方如果與自己合作的主要原因是什麼？

5.對方與自己對於未來的期望為何？

以上幾點，務必要先溝通清楚，因為一隻寄居蟹要入住別

人的殼，也要找大小適當、形狀合宜的殼，否則彼此都沒有共識，那麼討論再多合作的方式，未來也容易因為雙方理念不同而分手。

當彼此都有一定的默契之後，自己就要在執行方面仔細琢磨了，我認為有幾個重點：

1. 首先在內部要建立一群班底，才能有效掌握資源，在此大展長才。

2. 接著必須外出建立並且維護與其他相關單位的「互動關係」。

3. 最後慢慢建立「品牌知名度」，擦亮自己的招牌。

俗話說：「小廟供不起大和尚」，如果自己秉持著大和尚的態度，那麼就很難與別人合作。

其實，就算上班族也是一樣，如果帶著「沒比我的薪水高，才不幹！」的心態，那麼就很容易錯失良機。我認為「價錢」是別人定的，隨時可以帶走；「價值」則是自己創造的，誰也無法拿走。所以，千萬別因為眼前的價錢而失去了未來的遠景。

關鍵練習

　　我們的金錢存款只是外在的分數，請問你對自己的幸福指數打幾分呢？

分數：

_____

　　台灣人有一個思維，就像一些商業雜誌標榜的企業，一定要上市上櫃才是真的成功，我認為這個觀念錯的離譜，一些大企業家埋首於工作中，壓力過大，一點自己的生活品質也沒有，這並非真正的財富自由。這本書的目的是讓大家富裕自由，幸福的生活，而非要讓大家成為上市上櫃的大企業。

課程心得

上了俊傑的課，我只能說「真的太棒了！」

感謝俊傑分享那麼棒的賺錢技巧，正好用在我蒸蒸日上的事業。

我愛你，祝你愈來愈多學生！

企業家 吳先生

2-3 「不務正業」更容易財務自由

> 想出新辦法的人在他的辦法沒有成功以前，人家總說他是異想天開。
>
> ——作家　馬克吐溫

　　著名日本時裝設計師山本耀司說：「別再唸書了，好好去生活吧。用心、用靈魂去生活；去旅行、去經歷、去感受。不真正走出去是不會被啟發的。走到太陽底下，去淋雨、去摸、去接觸、去聽、去跟人說話、去聞不一樣的味道、去感覺空氣的密度、去認識不一樣的人、去看不一樣的顏色、去迷路……，好好利用你的觸感去感受。」

有一位熱愛大自然的旅行者陳岳賢，為了實現「雙腳挑戰全世界」的夢想，利用工作休假之餘，揹起背包獨自走遍天涯。在部落格中介紹每次旅行的悸動，經過一次次旅行經驗的累積，甚至還成為旅遊新銳作家出版著作，這位背包客體驗生活，也創造了自己的另一片天空。

所以，別只是坐在電視前關心這個世界，別再用你的腦袋去觀察這個世界，請用你的手、你的眼、你的腳去感受，才能看見生活的美好並發展出無窮的可能性。

誰說興趣不能當飯吃

有次一位成功白手起家的企業家邀約我至他的豪宅，各位猜看看我注意到了什麼？

不是那富麗堂皇的裝潢，或是新穎絢麗的科技吸引我，而是一間滿屋書櫃的圖書室，其中除了創造財富、成功勵志的書籍之外，不乏品嚐美酒、鑑定藝術、世界旅行的書，甚至連手作羊毛氈的書都有！

這裡要提個問題：這位企業家是先有這些藏書，還是先有豪宅的呢？

我想答案顯而易見，絕對不是豪宅！

這位企業家也可終日奔波於忙碌的事業中，但是他並沒有這麼做，而是從中享受自己有興趣的事物，並利用這些廣泛的興趣，造就自己持續致富的成就。我也發現願意投資在自己身上的人，個個都有著正面積極的魅力，因此光是與他們聊天就能讓自己有新的收穫。如果你也願意停下腳步觀察生活周遭，也願意花費時間在自己的興趣上，那麼任何事物都有可能成為你致富的因子。

被動收入的重要法則之一，就是要從自己有熱情的事開始！當你從一成不變的工作中解脫，下班時間還要從事自己沒有興趣的事物，那麼一定很難長久，因為沒有熱忱是無法做好工作的。

也許你會問：「下班以後還做這些，這樣不就是不務正業嗎？」

沒錯！就是要你不務正業。我認為，正確的選擇不務正業，是最有機會成為被動收入的來源之一。

如果今天正業是你有興趣發展的，當然很好，相信你會全心全意投入，甚至也沒所謂的上下班之別，對你來說那就是生活的一部份，但是如果不是呢？ 現在大多數的人，抱著一種「混口飯吃」的心態，或是「我只是為老闆工作」的想法在做事，最後只好以很多藉口告訴自己「雖然我對○○○很興趣，但是我沒有錢、沒有時間……。」你希望這樣過一生嗎？

玩出第一桶金

告訴大家一個真實的故事，當許多二十三歲的青年們還在煩惱薪水不夠用，或是工作難找時，住在英國的保羅・華萊士（Paul Wallace）已經靠著自己拍攝的影片，買下人生的第一輛超級跑車–Audi R8！

據英國《每日郵報》報導，二十多歲的保羅是個十足的跑車迷，因此時常穿梭在倫敦的街頭等待跑車經過，並用手機拍攝下來。而他也在二○○八年設立了 SuperCarsofLondon 的帳號，將這些影片上傳至You Tube，經過五年就已經獲得了六千

多萬的觀看量,這足以讓他買到一台二手的奧迪R8。

　　當時,只有十七歲的保羅只能開著媽媽的福特福克斯,如今他開著夢寐以求的跑車,只是憑藉著對於跑車的熱情,實現成為超跑車主的夢想。保羅說:「想到我是從拍攝超級跑車起家,就覺得整件事很神奇。一開始人們還很質疑我拍攝跑車的想法,結果這讓我擁有了夢寐以求的跑車。」

　　各式馬力強勁的超級跑車馳騁在倫敦街頭,有些居民抱怨這些大怪獸擾人的引擎聲浪,有些只是瞠目結舌的看著跑車呼嘯而過,但是保羅卻因為喜愛拍攝超跑,同時也找到屬於自己發財的機會。

　　我們常常在羨慕別人成功的創造財富,卻永遠不懂得培養自己、掌握創富的機會。像保羅這樣的故事,其實你也可以辦得到,關鍵就在於自己夠不夠「愛玩」!

　　當我們鎮日埋首在工作、學業中,很容易忽略了生活上的樂趣。記得我大學時,為了暫時拋開繁忙的課業,曾經自己一個人騎單車到山上過夜,當時就露宿在烏來福山國小的學校操場上,我自己一個人一手一足的搭起了帳篷,此時周遭一些當地的孩子好奇地圍了過來……

「為什麼你要睡在這裡？」

「腳踏車可以騎這麼遠喔？」

「怎麼沒有朋友跟你一起來？」

在一陣童言童語中，這一趟個人旅行變得像螢火晚會般熱鬧，現在回想起來那份悸動依舊存在。

由於我一直很喜歡騎著單車享受大自然，於是我開了單車店，因為這是我的興趣，所以投入了所有的熱忱、時間、金錢在這個事業上。的確，我的單車店最後成功的開了兩間分店，但是在這過程中，我卻忽略了一件事，單車只是一種交通工具，我更有興趣的是「享受大自然」，因此當時就算帶著車隊出遊，我仍然無法像大學時那樣盡情的「享受大自然」，因為有著諸多的顧慮與責任。

自從我上了一些世界大師的課程之後，我開始改變，不但享受自己的興趣，也勇於體驗更多不同以往的生活，現在我參加卡丁車大賽、上有氧拳擊……，在這些過程中，也激發出許多不同的想法。

就像最近我突然又想來趟個人旅行，於是隻身前往福建平潭島玩，沒有事先預訂飯店，也沒任何行程規劃，有趣的是一

下飛機就因緣際會之下，遇到當地的兩兄弟，不但免費招待食宿，還瞭解了當地的許多商機。所以誰說商機一定在辦公室或會議桌呢？

關鍵練習

　　如果現在你有二十四小時，完全不被打擾，也沒有其他的羈絆，那麼你想自由自在的做什麼？現在就馬上採取行動，列下最少五項自己有興趣的事物：

1. _____

2. _____

3. _____

4. _____

5. _____

2-4 沒有你也能運轉的事業才是最高境界

> 我為生命的本身而歡喜。對我而言,生命並非短暫的蠟燭。它是一種光輝的火炬,此刻為我所擁有;在交給將來的世代之前,我要使它盡量燒得光亮。
>
> ——作家·蕭伯納

就小孩子而言,麥當勞叔叔的知名度大概僅次於聖誕老公公吧!

這或許是當初的創始人雷·克洛克(Ray Kroc)所料想不到的,麥當勞並非漢堡的發明者,也不是最早建立速食服務的企業,可是今天它不只是美國文化的一部分,也圓了全球幾萬家

連鎖業者的創業夢。

全世界平均「每三小時，就有一家麥當勞開張。」你知道這些數字背後代表什麼意思嗎？請仔細思考這個章節的每句話，因為這是被動收入的關鍵原則。

讓錢自己流進來

雷‧克洛克原本只是個推銷員，他花了畢生積蓄並且貸款取得奶昔攪拌機品牌的獨家代理權，雖然在全美四處努力推銷攪拌機，但是到了五十二歲仍然是高不成低不就。

直到某一天，他接到一筆一次要訂購八部攪拌機的訂單，這讓他非常驚訝，因為通常一家餐廳頂多訂購二部而已，於是他決定前往一探究竟。結果，他在那家餐廳中看到龐大的可能性，而這間餐廳就是有著「金色拱門」圖騰的麥當勞。後來，在他的運籌帷幄之下，如今成為今球速食界的巨人。

麥當勞的成功原因當然很多，但歸納起來重點就是：「系統」。

系統的魅力是：只要做一次架設，就可以重複使用。因此，建立一個系統，或參與一個系統，追求持續的收入，就成了每一個億萬富翁或事業成功的人的目標。

　　二〇〇二年，創立了半個世紀的麥當勞已經賣出一千億個漢堡，為什麼麥當勞的企業王國可以這麼強大？我想絕對不是因為他們擁有好吃的不得了的漢堡，而是因為每個人都能複製出麥當勞的銷售、管理、服務「系統」。任何一個成功的事業，都要先建構一套可以複製的系統，才能讓錢自己流進來，成為被動收入。

系統簡化再簡化

　　每個人都只有二十四小時，為什麼有人可以做比較多事情，而有人只能在接不完的電話、做不完的簡報裡打轉？我認為重點就是在於簡化工作！

　　舉一個我與學員一起合作的例子，當初我發行「財商雜誌」將手寫的資料一一打字編輯，還設計了封面。這份雜誌發

行後，商機便來了，許多學員希望在後面刊登廣告，因此我們也特別服務同學，加上付費的廣告頁。

一開始當然我也是親力親為，從封面做到封底，瞭解整個製作流程之後，我開始將雜誌的編輯製作成固定格式，當時心想這樣一來不但自己比較好操作，未來要負責的人也比較好上手。

這時也遇到有人願意花更高的價錢，請我幫忙製作廣告頁，請問要是你願意接這個案子嗎？

我認為不能接下這樣的案子，主要有兩個因素：

1. 花費過多的時間成本：

由於原本的廣告頁我們只須置入，不需要另外設計排版，但是如果要製作廣告頁，就會花費我更多時間。所以在創立被動收入時，請考量自己的時間成本，如果不是自己的專業，需要花更多時間去做這件事情的話，反而浪費了時間。

2. 增加系統化的難度：

幫忙製造廣告頁不只花時間，還須要與客戶對稿，如此一來就會增加變數，很多關鍵問題無法系統化，這些

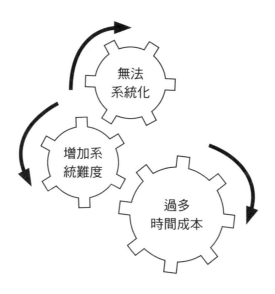

KNOWHOW如果只是在我腦袋瓜，之後就很難移交給下一位負責人，因為客製化並非被動收入最佳模式。

於是我並沒有接這個案外案，只將後端流程創立了一套非常簡單的系統，然後將雜誌的編輯外包給我的學員負責。而且原本是我自己跑業務，後來帶同學跑一趟之後，就讓同學自己負責找客戶，將事業打造成沒有我也都可以運作的模式。我認為被動事業系統化的原則就是：

把事情簡單化，就是處理問題的最好方法

這個案例，不僅成功成為我的被動收入，而且後來還藉由外部資源提供播放廣告影片等加值服務，讓這套系統更完善。而成功的精神就是在於系統簡化再簡化，千萬不要為了賺更多，而忽略自己的初衷！

創業初期親力親為不可少

　　許多藝人、名人都愛投資副業，甚至自己經營起副業，一方面希望可以藉由名氣帶來生意，另一方面則希望讓自己的路走得更寬廣。不過也時常耳聞認賠退出的例子，但是要說到經營副業最成功，就非藍心湄莫屬了，她的餐廳一間間的開，而其中的關鍵，就是在於開幕以後凡事她都是親力親為。

　　藍心湄因為很早就出道了，她明白天下沒有白吃的午餐，因此凡事都會自己來，開餐廳以後，從裝潢、菜單到上菜服務等更是事必躬親，剛開幕時她甚至天天都在店裡當起服務生。有一次餐廳排水管不通，人手不足，她還親自撈起餿水清洗排水管，這樣的精神造就了現在全台好幾間分店，每月營業額有

兩千萬以上，她說：「投資做生意就是要親力親為。」

是的！很多人以為，系統化只要用頭腦想想製作出流程就好了，其實不然，如果沒有自己捲起袖子，親自下廚房，哪會知道廚房到底有多熱，那種溫度可不是用嘴巴說、用腦袋瓜想就可以感受得到，因此，任何事業初期一定要親力親為。

以我自己的財商雜誌來說，一開始我也是每晚回家以後，在電腦桌前一字一句用鍵盤打出來，於是瞭解整個作業需要花多少時間，以及其中的困難度在哪！所以，想要「將事業打造成沒有我也都可以運作」的模式，一定要先下足功夫，努力施肥抓蟲，未來才能有甜美的果實可以豐收。

關鍵練習

　　每天從事一個不同的練習，藉以調整自己的狀態使你邁向成功。今天就告訴自己：

「我越來越會理財，

我最愛被動收入，

我的錢努力工作為我賺錢！」

　　當你強化自己的目標，賺錢的機會自動就會找上門來，請快跟著念吧！

2-5 別輕易的把生命便宜賣掉

> 最終，重要的不是你人生裡有多少歲數，而是你的歲數裡有多少人生。
>
> ── 美國第16任總統　亞伯拉罕‧林肯

　　我們最珍貴的，就是寶貴的生命時光，終其一生，扣掉睡覺吃飯及生活鎖事，真正完完全全屬於自己可以運用的時間，算算並不會招過三十年（以活九十年為例）。

　　如果只是為了養家活口，就耗掉人生最寶貴的三十年，實在太可惜了！

所以在本世紀，人類對工作的觀念必須進化，要朝向兩個重點：

1.工作時間愈來愈短愈好。

2.讓工作的意義愈來愈高。

其實，合理的人生模式，應該是只要工作五到十年即可，而這五到十年，又是充滿樂趣及意義，這是我們必須達成的，人類也會因此更加幸福。因為剩下的時間，可以用來讓自己身心靈成長、陪伴家人、培養興趣、幫助他人、做公益⋯⋯。

我們可以當一陣子的工作狂，但是，千萬不當一輩子的工作奴隸！請切記，自己並非為了工作而工作，而是為了更有意義的價值而工作。

一小時價值十萬元

為了達成此目標，我們必需瞭解工作的雙重意義：

一、非工作不可時，請務必在職位上付出全力。

試著朝向一小時創造十萬元價值的產值努力，這是為自己

而做，練起來的能力，最終嘉惠的是自己。

只有窮人才會說「我一小時幾百元，為什麼要那麼拚？」

有錢人則會全力以赴，很快憑藉著工作上所認識的人脈，引導自己找到一小時至少十萬元以上的商機，或賺錢的機會。

二、一定要擁有自己的事業

「千萬不要把蘋果樹種在別人的果園中」，領死薪水的上班族其實賣掉的是自己最寶貴的時光，這代價其實非常高，當然我的意思並非要你立即辭職去創業，而是，你不能把所有心力都放在老闆的事業上。

因為，有時遇到不對的老闆或是不好的公司，你投入的心力將會被浪費掉。所以務必架構自己的生意，因為你可以開創大的事業，大的格局，來達到一小時十萬元的目標。

窮人談加薪，有錢人談減少工時

「時薪一百二十元」，你被制約了！

是誰說你寶貴的生命，每小時居然只值一百二十元？

沒錯，你會說，這就是市場行情啊！很多人也都只能領到這樣的薪水啊！

「關鍵不在於別人說什麼，而在你相不相信？」

「有錢人，掌握自己命運；窮人，認為自己就是命運的受害者。」

讓我跟你分享我自己的實際作法，一般人在職場上，為了求薪水多增加一些，只想到要往高層爬，不然就是增加工作時間，或增加工作量來達到增加收入的模式，其實這也是拿生命換錢的舊時代思維。

我就不一樣！

我都是用專案的方式與老闆談，例如我去某家店當店長，一個月六萬元薪水，一天工作八時小時，一旦我勝任了，我會立刻找老闆談，並不是談加薪，而是談減少工時，看能不能一天工作五小時就好。

為什麼呢？因為如果只花一半的工時，就領一樣的薪水，那我付出的時間就更少了，空出的時間就可以用來經營自己的事業。

有人會說：「可是老闆不同意啊？」

　　我認為方法是人想出來的，只要你有信心，一定可以的。

相信我，因為我就是這麼做的。

課程心得

我跟我先生吵了十幾年了，因為彼此的金錢觀念不同，不僅存款掛零，差點把婚姻也賠掉了。

上完俊傑老師的「新世紀財富成長營」之後，我才明白男性與女性對金錢的觀念是截然不同的。

現在，我們各自用老師教的方法，獨立管理及創造各自的財富，結果出奇的好，賺錢對我們已經不是困難的事了，但對我而言，找回幸福的婚姻，才是無價之寶。

夫妻檔－鄭先生與陳女士

2-6 信心不敗的正能量

俗話說「女人是水做的」，有「美容大王」之稱的大S，談起肌膚水潤的秘訣之一，就是每天喝足八杯水。多喝水，不只是讓人美麗，也是不花錢、不花力氣的養生妙方，但是無色無味的水中，充滿許多雜質，是我們眼睛所看不到的，讓人喝得不太安心，因此現在市面上出現許多濾水器、濾水壺等產品。當充滿雜質的水經過過濾，純淨的流入身體之內，也更易於吸

收，幫助我們更健康。

不過，水能過濾雜質再喝，話可以過濾「壞話」再聽嗎？

耳邊風法則

剛開始在投入被動收入或是零成本創業時，或許會遇到一些冷嘲熱諷，像是：

「這怎麼可能成功！」

「你不要被騙了！」

「不要做夢了！」

諸如此類的言論，可能充斥在我們四周，而說這些話的人可能是無關緊要的朋友，也可能是關心自己的父母，甚至是親密的枕邊人。

當然不可能去堵住其他人的嘴，但是我們可以塞住自己的耳朵，當我們面臨這些負面言語時，一定要學會「耳邊風法則」，就是讓這些「壞話」左耳進右耳出，千萬別聽進去，影響了自己！

有人曾經說過：「大部分的人活在別人眼裡，死在別人嘴裡」，這裡我一定要幫各位打一劑強心針：

人生是自己的，如果只為了滿足他人對你的期待，將會限制自己無限可能的發展。

　　因為他的想法不一定是你要走的路，所以我也常開玩笑的說：「老公千萬不要成為老婆心目中的老公，老婆也一樣。」

　　那麼，面對這些言論你怎麼辦呢？

　　首先，你一定要挺得住，否則很容易信心潰散，而挺得住的關鍵點就在於：你所做的事情是為自己好，同時為大多數人謀福利。我們不是宗教領袖當然不可能只為他人好，但是所有的事業還是都要有一個為他人服務的願景。

　　如果聽到別人想要打擊你的話，馬上想想自己的起心動念，如此一來這些話馬上就會被你自動過濾掉了，一點渣都不會掉落在心裡。如果只是為了金錢，那麼遇到挫折時，一定會想想自己也還過得去，何必要創業，何必需要多一筆被動收入……可能就會放棄目前的所有努力。因此當初的出發點很重要，在NLP（神經語言學）中最高階的部分就是來自「自我的

使命」，再來才是自我認同，所以儘管周遭很多輿論，還是必須堅持著自己的使命與信念去達成。

另外，遇到超級金錢誘惑，也要懂得拒絕。

嚴長壽在台灣美國運通（American Express）工作時，英國籍的總經理希望能夠養一隻狗，於是他就陪著總經理到市區的寵物店挑選，最後看中一隻杜賓犬，便向老闆詢價，想不到老闆用台語小聲的說：「如果四千塊成交的話，我可以給你一千塊『意思意思』。」

對於當時月薪不過兩千塊的他來說，一隻狗的回扣就有半個月的薪資，這可是超級金錢誘惑，但是嚴長壽不為所動，還是以真實的價錢幫老闆購買。後來，總經理開心的將這隻小狗抱回家，結果兩星期之後小狗就生病死了，原來這隻小狗本來就生病了，好在嚴長壽沒有接受狗店老闆的佣金，於是找上店家理論，老闆只好把錢全數退還。

金錢誘惑是一條不歸路，為了得到近利，可能賠上自己更美好的未來呢！嚴長壽不希望外國老闆因為不懂中文而花了冤枉錢，由於他這樣的工作信念，經過五年的努力，就登上了美國運通台灣區總經理的位置。

我也遇過有些人捧著大筆金錢找我合作，或是獲利很高的行業，但是這些都不是自己的使命所在，我非常確定自己未來要走的方向，所以這些超級金錢誘惑一點也不吸引我。回過頭來說，當家人朋友看到我堅定的走在自己的路途上，漸漸的也會為我加油與喝采。

練就一身宣揚理念的好本領

　　「為什麼大家都無法理解我的想法？為什麼他們都要撥我冷水？」

　　雖然你的事業很有願景，你也有自己的使命與信念，但是總是希望別人能夠支持你的所作所為，其實我認為：「創造財富非常容易，但是懂得傳遞價值、分享的概念更重要。」

　　華人的社會一般都很壓抑，所以在溝通不良時，很容易情緒大爆發，一股腦的衝出來，就是因為能量糾結，最後無法控制。因此建議大家千萬不要只是埋頭苦幹，也不用自己獨演內心戲，一定要將自己的想法適當的表達，分享給大家。當然這

也不是要你高調的去傳福音，或是上新聞博版面，而是為了讓別人瞭解你的使命價值，漸進式去做宣傳。

其實，方法很簡單：真誠的注視別人眼睛、充滿熱情的語調，散發自信的肢體，就能吸引人的注意力，將你的思想真切的傳達給大家。

總之，當你把自己照顧得很好，又健康、又賺錢、又快樂，家人朋友自然能感受到你散發出來的能量，漸漸就能認同你的方向。不過，也不能為了事業，都沒留時間給家人，造成家人的不滿，那可就不是真正的富裕了。

當我離開職場時，就對自己說：「我還很年輕，但是我不要做到老。」因此我開始設定每個階段的自己。我很清楚知道自己要什麼，該怎麼進行下一步，但是周遭會出現許多雜音，有譏笑你的、有勸阻你的、有嘲諷你的，這時該怎麼辦呢？

請一定要相信自己的內心的力量是無窮的，過程中有其他人在干擾你也不可受影響，特別是別人以負面情緒試圖干擾你時，更要堅定自己的信念。但是如何堅定信念呢？那就是在訂定自己的目標一定要正確，如果自己的出發點是好的、對的就要相信它，長遠下來自然能成功。

關鍵練習

你相信自己會成功嗎？

很多人其實是不相信自己會成功的，因為他們完全不相信自己所提供的產品或服務有價值，如果你也是這種情況，那麼你一定要改變自己的看法。你必須感覺到自己的熱誠付出，對於人們的價值是很重要的，請寫下五個你的服務或產品能對他人提供的價值：

例：我的服務幫助人們更有自信、更成功……。

例：我的產品幫助人們更節省時間、更快樂……。

1. _____

2. _____

3. _____

4. _____

5. _____

第二章 GPS財富思維導航

＊想到是為全世界服務時，立刻能從消極的思想中跳脫出來。

＊首要任務就是想清楚自己要什麼，才能得到什麼。

＊不要心急，越急越要慢，這是不變的道理。

＊所有判斷、決定，都要以愛為出發點，這樣結果才會好。

＊我的富足並不是來自工作，而是來自內心。

＊很多問題想破頭，不如就去問問成功的人吧！

＊在追逐夢想的過程中，如果你仍感到痛苦，那麼代表你還不夠專注。

＊我們的不快樂，都是來自比較。

＊能量要強，關鍵就是念頭要單一！

＊人生是自己的，如果只為了滿足他人對你的期待，將會限制自己無限可能的發展。

＊相信自己的內心的力量是無窮的，過程中有其他人在干擾你也不可受影響，特別是別人以負面情緒試圖干擾你時，更要堅定自己的信念。

第三章

零成本
創業經營術，
你也做得到！

3-1 創業還不簡單，
但不用本錢才厲害

> 想要一件事還不夠，你必須對它感到飢渴，你的動機必須夠強烈，才能克服勢必出現在你面前的難題。
>
> 　　　　　　－美國勵志演說家　萊斯・布朗

「資本絕對是創業中最容易的一環！」

聽到我在課堂上這樣說，學員不掩心中的驚訝，馬上說：「怎麼可能？」

時下許多年輕人想要創業，但是一開始都擔心自己的資金不足，其實只要自己的產品有價值相信資金絕對不是問題，就

像現在最夯的「網路募資」平台，只要將產品優點特色寫成文案，就可以達成集資目的。

我舉個有趣的例子，知名募資網站KickStarter上，有一名男子想募資十塊美元製作一盤沙拉，結果專案開始不到一個禮拜，就募到超過五萬七千美元之多。其實，他的資金就來自一點點的小創意，他的文案裡寫著達到一千美元，將會錄製成影片；達到一千兩百美元，將製作微電影；達到三千美元，將要在一個宴會廳舉辦派對。KickStarter官方發言人表示：「對創意而言，沒有固定的標準。」

我們常聽人們提起：「創業，百分之九十失敗！」但是如果不用成本，保證不失敗，Why not？只要懂得創新行銷，再整合資源、整合人脈，就有無限發展機會。

不花錢就能賺到錢

現在的年輕人想要致富，除了上班之外，還有投資與創業兩條路。投資的話，不論是金融商品或是房地產都是需要一

筆資金，因此如果是富二代或口袋夠深的人，當然能夠以錢滾錢。不過，上班族並不適合這樣的模式，國外一些知名財經人士也提出「房地產投資致富已經過時」的概念，所以我認為最好的致富之路就是創業！

一般人可能會說：「創業也需要資金啊！」我曾經也有這樣的誤解。

早期在創業時，我和許多人一樣也認為創業需要花大量成本，所以我就開始找店面、租店面、花錢裝潢、花錢進貨、花錢請人……等等，開店之後才開始慢慢回收這些資金，但是在資訊爆炸的時代，這樣是極度危險的，因為商機通常來的快又猛，搞不好還沒有回本，商機已經過時了。經營一間店面是非常繁雜的，可能因為細節沒顧及，就會造成虧損，所以這也是我鼓勵大家零成本創業的原因。

後來一個思維啟發了我：「有錢人經營一個事業是要賣掉，而非為了辛苦經營。」於是我決定頂讓店面，這時我也跟其他三十歲的人差不多，又有父母及妻小，很多親友都告訴我「你就找個穩定的工作就好了吧！」但是，我並沒有聽從他們的勸告又踏入職場，反而開始投入「零成本創業」之路，所幸

證明我的抉擇是對的，所以才能成功的開創了自己的事業體。有了這些經驗，我深深瞭解自己的未來與使命，希望將這個好的創業方式幫助更多年輕人，讓大家達成財富自由的夢想。

那麼，你一定會問什麼是零成本創業呢？這跟一般創業有何不同呢？我個人為此下的定義：

零成本創業就是要達到
「不花錢就賺錢的效果」

以往工業時代遺留下來的創業模式都是先花錢投資，無論是購買廠房、租店面或是加盟金，都是先投入一筆資金購買硬體或軟體，在還沒賺半毛錢的時候就花了一堆錢。例如：先決定一個行業或自己學習專業知識，然後花錢找店面、裝潢，接著再跟公司或大盤商進貨，最後開始營業。開店之後每個月還有固定的支出，導致創業初期就把自己陷入破釜沉舟沒退路的境地。如果以這種模式賺錢或創業那就危險了，在資訊時代這樣的創業只會越創越窮。

對創業者而言破釜沉舟是指一種必勝的精神，但是方法上

萬萬不能破釜沉舟，否則難逃失敗的危機，這也是為什麼創業的失敗率那麼高。

　　做任何事情都要有好的方式或方法，創業賺錢更是如此，只要懂得本章節的概念，你也能做到「不花錢就賺錢」的創業模式。

找出你的創業機會點

　　首先要尋找適合自己的賺錢方法，創業的人一定要明確自己致富的方法。管理大師吉姆・柯林斯（Jim Collins）在接受《全球商業》雜誌專訪時指出，以下三個圈圈的交集，就是最適合創業的機會。

1. 熱情的圈圈

從小到大擁有的興趣、喜好，或是能讓你興奮不已的事情，都能讓你點起創業的火苗。這並不是要你憑空幻想或做白日夢，而是必須在過去的人生經驗裡找到一些證據，瞭解自己到底對什麼有熱情。

2. 能力的圈圈

這裡指的是你天生拿手的事情，或是在過去工作中培養出的技能，總之就是自己的專長，只要做得很傑出，這也是很好的創業開端。因此你應該要看看自己過往的經驗，有哪些線索能有效地指出你對某些事情具有天賦。

3. 貢獻的圈圈

這個圈圈是對社會有貢獻，而且是社會認為有價值的貢獻，你到底可以做些什麼來為社會加值？找尋實證來證明你所做的事情社會認定是有價值的，當你能有所貢獻，你必能有所建樹。

這三個圈圈的交集，我稱之為「黃金交集」，只要在黃金交集內，自然能讓人心甘情願把錢掏出來消費。

尋找這三個圈圈看似簡單，但是我也常在課堂上遇過不少人找不出自己的熱情所在，或是不清楚自己的能力為何的學員，他們長期缺乏與自己對話，導致內心的力量無法爆發出來，因此必須一步步慢慢引導出「黃金交集」。當他們一步步重新啟動了這股心靈的力量，讓自己完全掌握對金錢藍圖的規劃，自動就能引導向輕鬆的致富之路。

註：吉姆·柯林斯(Jim Collins)為了找出企業從優秀到卓越的秘密，花了五年時間整理超過10萬頁的資料，寫成《從A到A+》(Good to Great)和《基業長青》(Built to last)兩本書，在全球銷售超過700萬冊，連續七年位居美國商業暢銷書排行榜。

關鍵練習

你的收入有多少呢？其實，這是可以計算出來的！

讓我們一起來玩個「金錢天花板」的遊戲吧！首先列出五位你最常與他們討論金錢觀的人，接著將這五位的月收入加總，再將總數除以五，所得到的數字就是你收入的上限。很有趣的算式，因為你所接觸的人將會影響你的收入金額呢！

算式：$\dfrac{（A君＋B君＋C君＋D君＋E君）}{5}$ ＝收入的上限

3-2 創業要瘋狂，加盟卻令人抓狂

> 只要做一次別人說你不能完成的事，以後
> 別人說你的極限為何，你都不會在意。
> ──英國探險家　詹姆斯‧庫克

「一顆心噗通噗通的狂跳，一瞬間煩惱煩惱煩惱全忘掉；
我再也不要再也不要，委屈自己一秒。」

如果在職場上不如意，當辭掉工作後，心情就容易像五
月天的這首歌，完全不想再壓抑自己的想法。我當時離開海運
公司以後，心境就如同歌詞一樣，急於創業希望能快速達成夢
想，結果創業會犯的錯我幾乎都犯過。想要創業，或是正在創

業的讀者們，千萬別重蹈我的覆轍。希望大家先吸取前人失敗的經驗，才能避免自己也在此跌倒。

創業前的準備階段是關鍵

「三、二、一！」砰！鳴槍開始賽跑，我頭也不回的拼命往前衝，想要就此一戰成名。但是越跑越不對，赫然發現居然是場馬拉松，這下好了，終點還好遙遠，我只好重新再調整自己的腳步。是的！我的創業前期就像這場比賽，跑得很辛苦。

首先透過朋友的關係找到一間老店的師傅教我修理腳踏車，這位師傅一開始一直勸我不要離職，一臉就是「好好的工作你不要，來這裡幹嗎？」但是我帶著破釜沉舟的決心、堅持的態度，師傅最後還是收留了我。從吹冷氣變成電風扇、從西裝筆挺改穿「吊嘎」、從拜訪上市上櫃公司變成一個蹲在店裡的工讀生修輪胎（即使輪胎上壓著狗大便也得修理），這樣的對比真的像是在演電影。

好不容易熬了幾個月，習得一身本領，我開始找尋適合的

店面，結果第一間店興高采烈的租下以後，卻被房東告知這條路上不能開單車店。怎麼會遇到這種事呢？要怪就怪自己當初沒問清楚，只好認賠十萬的押金，另尋它處。

有了第一間店的失敗經驗，這次應該會有所進步了吧！結果第二間店租了，卻發現完全不適合開單車店，因為在高速公路旁只有貨櫃車經過，因此也短短一個月就趕快停損了。當時覺得自己運氣真背，現在回想起來是自己操之過急，租店之前連市調都沒有就投入資金。其實，創業前的準備是關鍵，除了瞭解市場、學習相關知識之外，我認為最重要的就是穩住心情，才能正確做決定。

一個事業的成敗就在於做決定的心理準備：

成功的事業，輕輕鬆鬆決定

失敗的事業，慌慌張張決定

梁靜茹有首歌我覺得很有意思，其中有段歌詞是這樣寫的：「讓葡萄慢慢暈開，釀成芳香再醒來，有些事其實急不來。等知了蛻變歸來，等蟬聲夏夜散開，急不來總有些人需要

再等待。慢慢來卻比較快，來得快去得也快，煙火痛快到頭來卻空白……」

沒錯！「慢慢來比較快」，有些事情真的急不來，想要減肥的人都知道，如果只是節食就希望快速看到體重下降，那麼過沒多久就容易復胖，唯有保持正確的心態，適量的運動加上飲食控制，才能真正達到目的。創業也一樣，一旦看到好的產品、好的商機，也不能過於草率的快速投入。

還有別忘了！詢問你的財富教練、瞭解相關訊息、設定目標……等等都是首要必做的功課。

創業的瘋狂基因

當初我帶著破釜沉舟的精神當然是正確的心態，但是在方法上萬萬不能破釜沉舟，否則看不到停損點，自然不懂得獲利了結的奧妙，這樣危險的做法，很容易帶來功虧一簣、財富流失的地步，這也是為什麼創業的失敗率這麼高的原因。

所以，我提到創業要瘋狂並非指作法，而是自己的熱情。

我有位學員，每次開課都遠從台中推著輪椅來台北上課，我永遠忘不了他的自我介紹，他說：「以前，我能做的事情很多，但是卻沒有做幾件。現在，我能做的事情有限，但是卻試著做更多。」因此他不斷學習，不只開創事業，也積極投入人群。

是的！就是這股對人生的熱情，讓他有著瘋狂的創業基因。而還在翻閱這本書的你，到底是什麼力量把你擋住了呢？是自己的自卑，還是恐懼？有些事情，你明明可以辦得到，為什麼卻老是不願意放手一試呢？每個人一定都擁有自己的弱點，但是真正致富的人是要懂得去放大自己的優點。

常常聽到這句話：「你的個性好適合創業喔！我就不行。」

我都告訴他們：「絕對沒有這回事！」

如果你渴望致富，那麼在未來開創事業時，首要任務就是調整自己的心態，許多人因為內心長久受到壓抑，以至於失去與自我連繫的功能，根本連自己內在的聲音的不去傾聽，所以，你有九成的機會低估了自己。

現在起請敞開心胸，試問自己如果現在所做的事情都不會失敗，你想做什麼呢？

多些瘋狂的想法，要有突破市場既有的觀念，相信你一定能夠異軍突起！

加盟是錢景還是陷阱

當然許多人有了創業的想法，但是還是會擔心自己首次創業沒有經驗，而學校也沒有教授這類課程，於是轉而選擇加盟體系。

不過大部份的人對於加盟與創業的差別還是傻傻分不清楚，總認為自己投資一筆錢去加盟就叫做創業，其實你只是加盟主的分公司而已，所以不管是開飲料店、小吃店、網路商店，你的商品或是服務價格都要配合公司政策。

說說我自己的例子，在創業初期也是遇到種種挫折，但是我秉持著「吃苦當吃補」的精神，依舊不放棄開單車店的想法，剛好有朋友介紹一間四十年沒有裝潢的老店，雖然看起來殘破不堪，但是有穩定的客源，心想「既然要創業，就要努力，辛苦一點沒關係。」幾經思考，最後決定頂讓下來。

而這次我就決定加盟單車系統。加盟看起來好像創業，實際上你並沒有主控權，以我的切身經驗舉例，當年總公司要求我們店裡花五萬元訂製了一個新招牌，結果不到一星期就被檢舉：尺寸太大、招牌太亮，所以只好再花錢拆掉。

　　另外，我加盟的單車系統希望加盟店裝潢店面，以增加銷售，但是裝潢需要一大筆資金，於是我斷然拒絕了。但是就在不久之後，某天朋友到店裡來恭喜我開了分店，我聽得一頭霧水，原來在距離一公里內總公司開了間三層樓的旗艦店，當下真是傻眼了。

　　這讓我陷入進退兩難的地步，究竟是要拼了改裝潢，還是棄守這裡的市場？商場無情，如果我不裝潢，生意也會漸漸被搶走，加上我也不想放棄辛苦開拓的成績，最後還是決定跟銀行貸款來裝潢。

　　連鎖加盟往往被看作是成功的捷徑，尤其許多加盟總部打著「保證賺錢」的口號，容易讓人覺得，不費吹灰之力就可以一圓當小老闆的美夢。但是加盟金也不是一筆小數目，再加上加盟制度的一些規定下，真的充滿前景嗎？這是在加盟前一定要仔細思考的部分。

加盟似乎提供許多想創業的人一條「捷徑」，但是既然稱為「捷徑」就有些代價，近年來台灣大小加盟糾紛不斷，尤其初次創業的新手，很難分辨加盟連鎖的真假好壞，一旦發生問題，總部並非都能幫助你解決，甚至讓你本來匱乏的資金更加緊張。所以，雖然加盟看起來省時省力，不過把自己的未來寄託在別人身上，只會讓創業之路走更多彎路，還是自己掌握未來的命運比較正確。

關 鍵 練 習

創業並不是只有光鮮亮麗的一面，你還不斷克服許多問題，因此請鍛鍊「心靈肌力」，當你遇到障礙時，能夠撐起跳箱跨越過去。

練習方式：寫下五個為何你值得變富有的原因，例如：我很有創意、我一直堅持不懈等等。

1. _____

2. _____

3. _____

4. _____

5. _____

寫下三個生命中最想達成的夢想。

1. _____

2. _____

3. _____

3-3 你願意提供免費服務嗎？

新的世界、新的領域、新的挑戰讓我感興趣，我一直都認為，拍片的目的不是為了結果，而是為下一部片子所學習。

－2014年「奧斯卡最佳導演獎」
艾方索・柯朗

　　體驗一個城市最好的方式就是騎著單車悠哉的閒逛，現在台北街頭流行的「微笑單車YouBike」，正是最好的交通工具之一。穿梭在大街小巷中的橘黃色單車，連日本女優波多野結衣來台時也騎著Youbike趴趴走，並上網po出騎車的照片，還引起一陣討論的熱潮。

這個騎乘的計劃，自二〇〇九年設置以來一直不被看好，近來卻成為廣受歡迎的運輸工具，其中一大誘因就是推出「前三十分鐘免費」的優惠。由於提供免費使用，讓大家願意去嘗試，漸漸養成一個健康的代步習慣。許多人都因此一試成主顧，現在上下班的尖峰時刻，排隊等的可不是公車，而是一台難求的YouBike。

如何換取未來的機會

YouBike的免費使用，改變了台北人的交通習慣，也超乎預期的打造出口碑，現在進而推廣至台中、彰化等地區。但是或許你要問：「有產品的人可以推出免費試吃、試用的手法，如果沒有產品的人要推廣什麼呢？」

這裡說一個親身經驗，有位建商朋友在南部蓋了房子，由於他本身是相當成功的代書，對於建築與致富都相當有熱情，因此當我跟他閒聊時，他就跟我分享了這個好消息，我立刻跟他要了一些建案的資料，然後花自己的時間與金錢，從台北跑

到台南過去瞭解他的建案。

當我確定這是一個好的建案之後，我再分享給其他房地產愛好者，雖然他沒有花半毛錢請我，我也不是他的員工，完全是我自願免費協助他銷售，所以也未必會有金錢上的回饋，但是我卻把他的案子當成自己的事業在處理，結果真的成功幫助他銷售了一戶，成為我的第一個案例，培養了我「有成交案例的能力」。

藉由這個故事分享給大家，如果你現在沒有商品，或還沒創業方向，不妨先協助你身旁比較強的朋友（前提是對方必須明確自己要做什麼），或先進入業界認識人脈，再找尋商機。

日後，我也是因為秉持著一開始免費為大家服務的精神，所以得到很多後續發展的機會。這個方法我稱之為「打白工」，重點在於：

利用人們喜愛「不花錢」的心態，免費使用產品、免費推出服務、免費提供能力，以換取未來的機會。

學習無所不在

我一直抱持著「賭上身家性命也要拼命學習」的觀念，為什麼呢？

打個比方，當你學會一種外語，但是從此就不再使用，不再精進學習，那麼五年後，你的外語還能說得如此流利嗎？答案當然是不可能，學習是不能中斷的，尤其是關於財富的知識，因為瞬息萬變的致富方式，當你停止學習也會造成資訊的

落差，使得財富出現差距，這也是有錢人與窮人最大的差別。

　　所以即使身為大師也拼命不斷學習，知名投資專家羅傑斯有著「華爾街金童」、「華爾街的印第安那瓊斯」的封號，一九七〇年和索羅斯共同創立全球聞名的量子基金（Quantum Fund），十年內賺夠一生花用的財產，在他三十七歲那年退休。但是他認為之後將是中國的世紀，因此還努力去學中文，甚至帶他兩個女兒移民至新加坡一起學習。

　　我一直強調其實老天爺是巴不得把所有資源灌溉給大家的，但是你要拿什麼容器去盛呢？是漱口杯還是端臉盆？建議大家，最好是直接蓋個游泳池，讓雨水填滿整座大池。這些容器就是你要學習的Know-how，因此先想一想你的工具到底是什麼，有沒有辦法創造更大的價值。

　　當然，花錢上課進修是學習最好的方式，但是有時候可能你捧著錢還沒得學，所以利用「打白工」這個方法也能增進你學習技能，我常常告訴學員「你在外面看半年，還不如進去做半天。」

　　我舉一個自己的例子，大二那年暑假，我與同學一起去應徵電腦銷售員，當時和我一起去應徵的同學略懂電腦，但是我

卻是一個連CPU都不懂的門外漢，同學走到第二間已經被錄取了，而我繞了一大圈問了二十幾間也沒人要。於是，不服輸的我就挑了其中一間生意看起來最好的，直接跟老闆說：「老闆，雖然我不懂電腦，但是我真的很想打工，要不然這樣好了，我免費幫你打工一個暑假好不好？」

這時老闆反而傻眼了，開店這麼多年以來沒看過有人上門要打白工的，結果老闆也不知道是同情我，還是真的很缺人，最後就答應讓我進去工作了。開始上班以後我每天都是最早到店裡，最晚下班的員工，努力學習了兩個月，不但瞭解電腦設備，也具備基本的銷售能力。

各位讀者一定很好奇，打工結束後，老闆真的沒有給薪水嗎？其實，老闆還是給我薪水了，或許是老闆不好意思，也或許他覺得我真的很認真，而且以後買電腦也便宜很多，我同時也結交了一個朋友。

如果現在的你還沒有能力進入某項領域的門檻，那麼就利用免費服務的方式，相信白吃的午餐一定不會有人不要吧！而且都免費了難吃也就不容易被嫌棄。

勇於價值交換

在提供免費服務前，還有一個很重要的觀念，一定要告訴大家，首先一定要肯定自我的價值，雖然是免費的服務，但是不是因為它沒有價值，而是這個價值不一定馬上顯現得出來。就像YouBike免費使用一段時間之後，這些上班族發現，利用上下班騎腳踏車還可以運動，因此有「促進健康」的價值，結果造成一股騎單車通勤的熱潮。所以，請記住！**你提供的任何服務都是有價值的，既然是有價值的，那就要交換其它價值。**

華人總是羞於要求回報，這其實不是好的習慣，勇於要求價值交換，錢當然是最好計價的，但不一定是要錢，有服務對方一定要回饋，重點是你想要回收到什麼價值呢？

我一位從日本留學回國的好朋友，他從事網拍相關工作，有一次他告訴我一個困擾，由於現在流行日本自助旅遊，所以他常常幫別人訂飯店、規劃行程等等，花費很多時間。但是因為是自己的親朋好友，不好意思婉拒，也不知道該如何收費，所以我建議他可以先要求價值交換，比如一頓下午茶、一場電影等等。

《寫給女兒的十二封信》

摘要羅傑斯在書中的重點如下：

＊不要讓別人影響你——假如每個人都嘲笑你的想法，這就
　是可能成功的指標。

＊專注於你所愛——在真正熱愛的工作上努力，就會找到你
　的夢想。

＊普通常識並不是那麼普通——大眾社會相信的常常是錯
　的，不要盲目聽信別人的話。

＊將世界納入你的眼界——保持開放的心，做個世界公民。

＊研讀哲學，學會思考——訓練自己去檢驗每一種概念、每
　一個事實。

＊學習歷史——因為以前發生過的事，以後也還會再發生。

＊這是中國的世紀，去學中文！——參與一個偉大國家的再現，購買這個國家的未來！

＊真正認識自己——瞭解你的弱點和覺察你的錯誤，才能找到對的路。

＊認出改變，擁抱改變——改變的功能就像催化劑，保持覺知是重要的功課。

＊面對未來——看得見未來的人可以累積財富

＊反眾道而行——檢視事實和機會，不要隨烏合之眾心理起舞。

＊幸運女神只眷顧持續努力的人——用功讀書，學得越多你才知道你懂得越少。

不過，這樣的價值交換，就夠了嗎？

其實他該思考這些服務如何轉換成更有價值的能量，既然他從事網拍工作，那麼他所提供的訂房或規劃服務，就可以轉換成更有商業價值的交換，例如可以請他的親朋好友代買東西回來賣，以賺取價差。就像我自願到電腦公司打白工一樣，雖然是免費服務，但是我交換到「學習電腦知識與培養銷售能力」的價值。

在思考「價值交換」時請記得：

時間是最珍貴的資產，所以當你勇於提出價值交換時，

一定要明確的瞭解自己想要回收到的價值。

或許，你還會擔心別人說你愛錢，但是我要告訴你一件事實：「有錢人不會吝嗇付出，只要你的東西是有價值的。」如果對方因此而批評你愛錢，那是因為他長期以來都提供沒有價值的東西給人，所以對於提供給人有價值的東西，必須回饋這種道理不瞭解。通常不認同價值交換理論的人，財務狀況都有些許問題。

各位，今天開始，請勇於要求價值交換，樂於接受，你就能改變你的金錢思維，邁向財富自由之路。

關 鍵 練 習

請記得我提出的觀念：「任何服務都要有價值交換」，光這個觀念就扭轉很多事情，只要把握這句話的精髓，就算是上班族看完這本書，明天也能立刻賺錢，改變你的人生。

現在就跟著我一起作以下的承諾：

我，＿＿＿＿＿＿＿＿＿＿＿。

承諾從今天開始，

我所提供的任何服務或付出，

我都勇於提出價值交換。

課程心得

各類投資理財金融股票房地產課程我上了不下上百種了，我覺得您的課與眾不同，有威力，我喜歡。

我在此向讀者推薦，這位俊傑老師的課真的不錯，絕對值得參加。

雖然對一把年紀的我來說，金錢已經不是最重要的了，但我在此除了學會很有趣的賺錢方法，更讓我重新燃起對生命的熱情。

接著我要用俊傑老師教的方法，將所賺到的錢來一趟北歐遊輪之旅，如同老師說的：「每個人都要讓生命發光發熱！」

台中－老吳（Jacky Wu）

3-4 要先學會賣，而非懂得買

> 不管你在賣什麼，這不重要，它將隨著時間
> 大眾化，它的價值將會降低，你必須不斷
> 提高商品的價值。
>
> －IBM首位女主席　吉妮·羅曼娣

　　許多女人存錢就是為了買一個時尚經典的好包，而擁有一款愛馬仕的「Kelly包」，更是大多數女人的夢想。「Kelly包」是以摩納哥王妃格蕾斯·凱莉婚前的姓氏命名，當時懷孕的格蕾絲·凱利（Grace Kelly）王妃，為了遮掩日益隆起的小腹，買了最大尺寸的Hermes包，半掩懷孕身軀展現出大方優雅的風

範。這張令人難忘的相片刊登在雜誌封面上，掀起了Hermes熱潮，並從此將該款手袋改稱為Kelly，並得以在全球聞名。

這款最具名媛風範象徵的包包，可不是有錢就買得到，每一款「Kelly包」，至少提前半年就要預訂，再由採購人員從全球的拍賣會採購上等的皮革，精選皮革最好的部分，最後請師傅一一縫製，因此連英國王妃戴安娜也要排隊等候。

愛馬仕先賣後買的策略，讓它維持著經典不敗的地位。

人脈與經營的關係

零成本創業最重要的精髓就在於「先賣後買」，千萬不要花一筆錢，將貨買進來，然後再花大筆錢慢慢開始銷售。就像Hermes的名牌包一樣，不但先收到貨款再製作，而且還能創造品牌價值。

舉一個我自己的行銷案例，當初為了突破銷售，我的單車店也與百貨業合作，舉行預購活動，當時反應良好，結果賣掉了大量的折疊腳踏車，創造了不錯的業績。

另外，我也曾被客戶用此招修理過，有次總公司告訴我們加盟店，獨家代理到一款法國品牌的輪框，為了再造佳績，我二話不說就進貨了。結果，有一天一位非常要好的車友來店裡找我聊天，他看到這款獨家代理的輪框就問了我進貨價，他聽完之後告訴我，他跟其他車友一起團購，比我店家進貨價格還便宜。當下我就知道這輪框應該是賣不掉了，後來果真掛在牆上半年，才賠本賣掉。

他是怎麼辦到的呢？

原來，這個車友先請有意願購買的人付訂金，他再跟香港廠商進貨，結果就是這招「先賣後買」，成功開啟了他創業之路，也讓我發覺原本「先買後賣」的銷售模式有著很大的風險。

我長期觀察各種成功的銷售方法，發現有錢人永遠願意花大量的時間及金錢在蒐集最新商機及市場訊息，他們絕對是先找出客群，再來找商品。所以為什麼人脈那麼重要，因為這些人脈會提供最新的資訊，讓你省卻自己摸索的時間。

當然人脈絕對是要經營的，試想一個只關注自己的人，一個常關注別人的人，你覺得哪種人的人緣好呢？

一個只關心自己的需求與發展的人，他的視野自然只有自己，所能得到的成就與資源自然有限，但是當你開始關注到別人時，就會漸漸發現別人的需求，並且找到更多出路。

　　總之，創業必須記得「需要為發明之母」，絕對不是你找到很棒的商品，然後來推銷給消費者，這是舊時代思想，現在的創業思維必須是觀察到市場出現的需求，再來找商品服務消費者。

深具爆炸性的行銷

　　在現今極度競爭的商業環境中，一般的行銷方式已經令消費者無感了，你必須利用世界上先進的行銷策略，或是尚未為人熟知的行銷手法，才能出其致勝。

　　「現在消費者已經不看廣告了，在看的都只是廠商客戶而已。廣告代理商整天工作都只是為了要娛樂廠商客戶而已。」拿到二〇一二年坎城兩項金獅獎的作品以及Spikes Asia 亞洲創意節影片廣告獎大獎的韓國廣告代理商Cheil執行創意總監

Thomas Hong-Tack Kim如此自我調侃地說。

的確，很多數字都顯示現在的消費者已經不再是看廣告買產品了，消費者越來越精明，行銷就必須越來越有創意。我認為要懂得運用極富吸引力的方式，讓消費者瞭解自己的獨特之處，不論是在文案的編寫、活動的設計、產品的宣傳都要緊扣自己的獨特之處。

此外，行銷時還有一項重要的關鍵：「限時限量」，這樣才能形成新風潮。有一陣子只要超商推出限定版霜淇淋，臉書上就被這一支支霜淇淋的照片給洗版。因為超商限定期限內推出，強調時間一到就買不到，藉由這股稀有感，造成全民吃冰運動。當然，好不容易排隊買到，一定要上傳臉書告訴大家：「我也趕上這股熱潮了！」因此這又是一種免費的宣傳，造成一種雙倍效益。

限時霜淇淋這種「飢餓行銷」的方式，就如同限量的愛馬仕的「Kelly包」，從吸引市場注意、引發興趣，到引誘消費者掏錢買單，每項環節都是學問。也就是說，一個懂得行銷的創業者，是從客戶、產品開始的，而不是從推廣活動開始的。如果希望創業之路順利，一定要多多研究這方面的訊息。

關鍵練習

學會「印自己的鈔票」，也是一種行銷方法！

方法很簡單：寫下自己的三個強項，印成分享卷，印好之後開始拿來交換。

1. _____

2. _____

3. _____

重點在於找出免費或極低成本的服務或商品，重新包裝以後，再來定價，以優惠或是交換的方法送出。

3-5 組團隊
縮短致富時間

> 成功的關鍵是在於提升自己本身的能量。
> 當你這麼做了，人們自然而然地會被你吸
> 引。一旦他們慕名而來，你就可以向他們
> 收錢。
>
> 　　　　　　　　　—英國作家　史都華·韋爾德

　　我很喜歡的一個故事：荒野裡兩位迷路的樵夫遍尋不著出
路，於是他們開始禱告祈求上帝幫助他們，上帝聽到後對他們
說：「在不遠的前方有一片湖泊，裡面充滿各種珍貴的魚類，
不僅可以讓你們吃飽，還能讓你們發財，現在我有兩樣東西：
一根釣魚竿和一隻肥美的魚，可以幫助你們前往湖泊。」

其中一人耐不住飢餓選擇那隻魚，並且馬上用乾柴生火烤起魚來，不一會就狼吞虎嚥的吃完了，但是吃飽之後，他依舊找不到那片湖泊，不久便餓死在荒野中。

另一位樵夫則要了釣竿，希望能釣到湖泊裡珍貴的魚，終於就在他艱難的快走到湖畔旁時，卻已經渾身虛脫，無力拿起釣竿，最後也只能留下無盡的遺憾撒手人間。

後來，上帝在荒野中又遇到兩個饑餓的樵夫，於是同樣賜給他們一根釣竿和一隻魚。不過這兩個人並沒有分道揚鑣，反而一起討論該如何求生，於是他們決定一起去找尋湖泊，旅途中兩人共吃一條魚，經過艱辛的跋涉終於來到了湖畔旁，並且在此捕魚為生。幾年後，他們不但蓋起了房子，還將湖裡稀少的魚類賣到市集裡，過著幸福的生活。

上述故事帶給你什麼啟發？你是否從中學到致富的方法？

組團隊槓桿出時間

有首童謠是這樣唱的：「一隻螞蟻在洞口，找到一粒豆，

用盡力氣搬不動，只是搖搖頭。 左思右想好一會兒，想出好辦法，回家找來好朋友，合力抬著走。」

螞蟻的個體力量雖然不大，但是卻能利用團隊合作完成許多不可思議的任務。國家地理雜誌的資深編輯米勒在其著作《群的智慧》就提到：「每個切葉蟻巢穴裡，有數百萬隻工蟻，牠們每年收集的植物葉片可能重達半噸，由此可見這些小螞蟻團結合作的力量。」

這樣驚奇的例子卻是自然界的常態，這些生物為了生存經過長時間的演化，已經形成一種獨特的群體行為，而這些「群體智慧」也是現今的創業必備的團隊能力。

有些人說，我自己研發產品，我本身就是超強業務，為什麼還需要團隊呢？其實我們創業的目的不就是為了改善生活、增加收入，但是我看到很多人整天瞎忙，甚至生活品質比上班還差，這跟我一直提倡「創造財富的過程中，一定要充滿樂趣」的觀念實在背道而馳。**創業的時候最忌諱把時間當成免費的資源，想要致富的人，最需要的就是時間，因此一定要懂得組團隊槓桿出時間。**

舉個例子來說，假如你有一手好手藝，想利用手作麵包創

業，那麼當然必須先做一下市場調查，瞭解眾多麵包店的口味與價格，只是你一個人一天就算十二個小時工作，也跑不了那麼多家麵包店，因此如果有個團隊，每人分配幾間麵包店，就能快速將這些麵包的資料收集到位，做成麵包分析調查表了。原本你可能要花一周的工作天，現在只要一天即可完成，這就是組團隊槓桿出時間的好處。

大多數的領導人隨著事業不斷擴張，一定也充滿排山倒海的會議與通訊，在這樣繁忙又瑣碎的事務中，他們難道不覺得時間不夠用嗎？其實，真正有高效能的領導人都是利用時間槓桿，讓自己擁有更多專注力去思考未來的發展。

我以前在開單車店時，許多事情都是自己親力親為，雖然有請店員，但是總認為凡事都要捲起袖子做才是好老闆。後來當我開始走向「零成本創業」之路，才瞭解原來當初賺錢不輕鬆，都是因為沒有好好思考核心工作的方向，所以才會浪費了許多精神與時間，在處理龐大的雜務上。因此，現在我就會花費比較多時間在規劃跟思考，集結眾人的力量處理這些雜事。

團隊合作關鍵在於使命感

既然組團隊這麼重要，那就找自己熟悉的親朋好友來組個團隊好了！

千萬不可這麼做，團隊可不是隨便組組就好！

俗話說「一個和尚挑水喝，兩個和尚抬水喝，三個和尚沒水喝。」職場上「三個和尚」的例子屢見不鮮，舉凡身旁的親朋好友，或是自己一定也遇過因為團隊不合而失敗的事情，所以團隊可不是抓兩三個知心好友就可以組成。

或許你會問「組團隊真的這麼困難嗎？」其實，一組團隊最重要的就是能夠合作無間，而合作的關鍵在於「使命感」。

記得我曾經參與一個訓練課程，一群陌生人第一次認識就必須背著磚頭攻頂，而且要全員到齊才算勝利。在崎嶇的山路上沒有任何工具，大家身上就只有一個背包，有的人裝水，有的人裝磚頭，總之就是要想辦法上山。當然，一開始慎選團隊很重要，使命最強大的人當組長，其他人必須加進來補足他的弱點，增強團隊的價值，如果沒有確定分工的項目，兩、三個人的功能重疊一起，團隊就容易潰散。

當時我們一心一意就是要完成任務，因此只有一個念頭就是要「百分之百支持我的同伴」，因此當隊友有困難的地方一定會盡力幫助他，像有些人體力比較弱，就必須靠其他隊友多扛一些磚頭。當然，扛不動的人也要懂得適時求救，因為全部都到一個落後也算輸。

這次的任務讓我深刻體會團隊合作的重要，**一個團隊組不組得起來跟使命有很大的關係，唯有使命感強的人，市場跟商機才會大，也才能吸納大量人才**。因為一個有使命的人，格局與戰鬥力夠強，能力夠強的人，別人當然願意支持。

為什麼有些企業會倒閉，因為員工一般都只是為錢而來，所以如果沒有使命自然容易瓦解。因此想要創業的人自己必須百分之百投入，能量自然就會聚集。

「踩背哲學」累積人脈

借由團隊合作，不但可以增強信心，也更容易突破以往的限制，當然如果能跟強者合作自然會越來越強。不過，想要與

真正強者合作，你一定要變強，這裡的強並非指能力或成就，而是一種「堅定的力量」，所以與人合作一定要OPEN MIND全方位投入，否則不論任何時候都無法結合兩人力量，只會限制住自己的發展。

| 延 | 伸 | 閱 | 讀 |

《群的智慧》

書中提到蟻群、蜂群、鳥群可說是自然界的超級團隊，牠們沒有管理者、也不需要領導人，只要遵循簡單的法則，就能完成許多不可思議的複雜任務。在「向鳥群學團結一致」章節更討論到個體應該扮演什麼角色，才能讓群體維持路線而不走偏。像是鳥群、魚群，或是北美馴鹿群，其中的個體之間其實沒有太密切的關係，於是群體的生存關鍵就在於群體行為和個體利益之間的平衡技巧。而人類社會所面臨的問題，其實也與動物相去不遠，我們也常常得處理同樣的兩難，要彼此合作、但也想得到個人利益，要做對大眾有益的事、但也想多照顧自己和家人。

這裡提供一套我自己獨創的「踩背哲學」幫助大家累積人脈，這就像是爬牆比賽一樣，大家都不是蜘蛛人，各自爬牆絕對無法一躍而成，必須有人蹲在下面當墊背，讓大家爬到頂端後，再回頭拉自己一把。所以我每次都自願當那位墊背組員，為大家的成功做基底，當大家成功後自然不會忘記我的汗水。

　　或許有些人會頭也不回的往下一座牆前進，但是這樣的人，下次就再也沒有人願意當他的墊背了，最後離終點只能越來越遠。**我認為「信任是這個年代最重要的資產」，因此不論發生任何狀況，也不能背棄自己的團隊。**

　　如果是運用人脈拓展事業時也要注意，團隊面對問題時你千萬不能逃避，只要你勇於承擔責任，別人也會更相信你並且支持你，因此你就有助力往致富的路上前進。

讓利看長不看短

　　一個自以為精明的人，總是千方百計地從對方身上想要賺取更多，以為賺得越多，就越成功，結果賺了眼前的利益，卻

輸掉了未來的商機。努力追逐眼前利潤，是多數人所為，但是只有懂得讓出利潤，才是成功者所作。

「讓利」可不是單純的分紅制度，分紅講究公平原則，你做多少事，分得多少紅利，但是讓利卻是一種不公平的行為！怎麼說呢？

或許對方做的沒有你多，或許對方根本什麼也沒做，但是你依然將利益分享給對方，這就是讓利。那麼你一定會問，既然他沒做為什麼要讓利呢？我認為除了讓別人嚐到甜頭之外，還有一個很重要的關鍵，就是培養「信任感」！

幾年前發生了「毒奶事件」，因此含有三聚氫氨的乳製品，一律下架，全聯超市董事長林敏雄當時頒布了一道指令：無論消費者有沒有發票都可以退貨，結果消費者卻把別家買的商品也拿來退。當然，全聯損失超過一億元，不過卻也因為這個決定讓全聯贏得消費者的信任。林敏雄說：「讓利把自己的權利放一邊，先為對方設想，先保護對方利益，有了信任和合作，就能水到渠成。」因為合作和信任，都是比資本更重要的資產！

同樣的，該如何將利潤分享給創業團隊、或是外包的員工

呢？我的原則是:盡可能讓合作夥伴或團隊成員拿得比我多，這樣他們自然就會當成自己的事業努力經營。

全盛房地產開發公司董事長林正家曾經宣告破產，但是因為一段話改變了他，在短短幾年內他就東山再起。原來當年在雜誌看見一篇採訪李澤楷的文章：「父親從沒告訴我賺錢的方法，只教了我一些做人處事的道理。……父親叮囑過，你和別人合作，假如你拿七分合理，八分也可以，那我們李家拿六分就可以了。」

就是這個「一直堅持少拿兩分」的原則，讓林正家明白一個道理，一個事業之所以成功，秘訣就是「讓」。李嘉誠總是讓別人多賺兩分，所以大家都願意跟他合作，因為每個人都知道和他合作會有好處。如此一來，雖然他只拿六分，生意卻多了一倍，假如他硬要拿八分的話，生意又會如何呢？到底哪個比較賺？其實靜下來想想便知道！

讓利還有一個很重要的精神就是練習去「成就別人」，先不論自己可以得到多少，這是個冒險，或許當下自己可能什麼都沒賺到，但是你會發現這些回應會熱情的「加倍奉還」。

台中有間「牛排」餐廳，不只讓員工拿紅利，而且金額頗

高，老闆說：「我正在學做有錢人，先學讓利，有一百塊錢，賺八十就好，不要賺滿！」獎金高，員工做起事來心態就完全不同，到了颱風天他們還會開車過來餐廳狀況，平常也不用強迫加班，有額外的時間大家都會自動自發過來，上班時間往往會自動拉長。

我相信這些員工，願意全心全意投入這間餐廳，除了誘人的獎金，一定也是能在這間公司，發揮自己的能力，當自己的能力受到肯定，自然盡心盡力在舞台上發光發熱。

當然，你可能會說我自己都吃不飽了，哪還有多一杯羹分給別人？

其實讓利不只是金錢上，只要凡事能夠站在對方的角度思考，甚至願意奉獻自己的時間、金錢，讓事情圓滿，我認為那就是一種讓利，所以那或許是勞動、或許是知識，只要能讓對方感受到那份誠意，自然能換取更大的能量幫助自己。

如果你一讓再讓對方依然無動於衷，那麼也許是緣分還沒到，也不用刻意強求，不過如果對方也漸漸釋出善意，就要積極把握，因為這就是未來可以合作的對象了。讓利給他人不僅是為自己打好舞台基礎，同時也是在開拓各種後路，因為你無

法預料何時會需要向他人要求幫助。

現在立即組織你的必勝團隊

跟你分享一個我在課堂上教的世界級的致富秘訣，那就是有錢人組團隊，都會找比自己更強的；只有窮人才會找一堆弱者組團隊，一起取暖。

什麼意思呢？窮人因為潛意識對自己沒自信，怕駕馭不了比自己強的人，所以都喜歡找一些自己熟悉的親朋好友，或是聽話的員工，一起創業，來取得安全感。

讓我告訴你殘酷的現實，這種「弱弱合作」的綿羊型團隊，創業必敗，因為太弱了。有時你會什麼固然重要，但你跟誰合作，更重要。

我自從覺醒後，一律只與強者合作，例如銷售及商業模式是我的強項，這部份我會強力主導；在產品方面，我就會找比我強的一起配合；資金方面，就找錢比我多很多的合作；人脈方面，就找人脈廣大的夥伴合作。

因為我有自信，所以完全不怕夥伴比我強，反而怕他太弱，所以建議各位，最好是找該領域最頂尖的高手合作，如此「強強合作」的獅子型團隊，還沒出場就已經成功一半了。當然，前提是你也必須把自己的專業能力，提昇到獅子等級，其他強者才願意與你合作。

　　所以，如果你自認是一隻獅子，請不要找綿羊當你夥伴，你的寶貴生命會被羊群消耗掉，勇敢加入獅群，一起行動，力量才會大。

活動：

　　要找到獅子當你合作夥伴，必需先找到獅子出的地點。

　　一、寫下五個你最常參與或出席的商業團隊或社群（必需要實體的，不要寫網路社群。）

　　1.

　　2.

　　3.

　　4.

　　5.

二、然後把這五個答案劃掉，在其右方寫下五個更高階的商業團體或社群，把原本的取代掉，這就是你今年要去的新地方，你才找得到獅子級的夥伴。

三、宣言：請手放胸口，大聲的唸三次：我是獅子，我只與獅子組團隊！

關鍵練習

不是一起久的就叫好朋友，要磁場相合才是好朋友！

持續散發負面磁場、心中充滿怨氣的人，就是在進行自我毀滅，最好無視他的存在，因為生命中有任何的不和諧都是負面思想造成的。

每天一定要維持自己正面積極的習慣，現在就開始累積你的正面磁場人脈吧！

第三章　零成本創業經營術，你也做得到！

3-6 窮人充滿恐懼，有錢人專注機會

> 機會通常會以不幸或一時失敗的假象呈現。
>
> —拿破崙・希爾

你認為從以前到今天為止，你真的完全掌握自己的重大決定嗎？例如：求學、就業、轉業、工作、投資、理財、創業……等等。

真正的事實是，絕大多數的決定，感情的力量都會超越理智，內心的情緒時常會凌駕在理智上，而各種情緒中，又以「恐懼」的影響最大，而且難以更改。

所以，你認為很多事都是經過你的深思熟慮而決定的情況並不太存在，大多時候你其實都被情緒左右，特別是在最關鍵時候，或壓力最大的時刻，情緒必定會主導。而恐懼的力量又最大。

舉例來說，父母常常告誡我們，要好好唸書，將來才找得到好工作。這句話的真實訊息是「如果你沒有好好唸書，未來會找不到工作」。這些「好好上班、安穩就好、不要冒險」，其潛意識都是出於恐懼，怕變動，怕失敗，怕痛苦，怕……

老實說，這才是造成窮人窮苦的一個重要原因，而不是什麼外在環境不佳，經濟不景氣，低薪造成的，都不是，真正成因是「恐懼」！

窮人也有無窮潛力

絕大多數人在「恐懼」面前臣服了，放棄自己內心無窮的力量，但幸福的有錢人不一樣，有錢人會願意冒險，評估可承擔風險後，立即行動，如果不如預期或失敗了，有錢人當下

也會痛苦，也會悲傷，但很快恢復，並記取教訓，修正後再出擊，永不放棄，直到成功為止。

　　窮人的貧窮，並不是有錢人造成的，更不是所謂的有錢人佔據了一切資源，導致窮人變窮的，我說過「不是有錢人太厲害，而是窮人誤以為自己太弱了！」

　　注意，是「誤以為」，也就是說，窮人也有無窮潛力，只是被制約了。所以致富很重要的一點，就是要先恢復自信心，克服恐懼，大量採取行動，找回力量。

　　只要有信心，任何人，我指的是任何人，不管是販夫走卒，或小人物，社會基層，都有一樣的無窮能量在內心中。一旦學會駕御此無窮力量，你必定可以過你想要的生活。（前提是動機要正確，要為人為己，為世界好，絕對不能損人利己，否則代價就是喪失一切能量。）

　　因此，今日起，此時此刻，我要你練習專注在機會而不是障礙，為了成為幸福成功的有錢人，（本書所說的有錢人，是指靠自己努力，白手起家，並過著健康，家庭幸福，又有財富的有錢人而言），你必須先擁有一顆有錢人的腦袋。

將精神專注於機會

你必須克服恐懼，專注在機會，通常上過我課程的人，看世界的角度會立即改變，會發現每天處處充滿賺錢機會，多到不知如何選擇，這就是有錢人看世界的角度。我自己也是花了幾年時間才覺醒，不再受恐懼制約，才擁有這樣的功力，而你，當然也可以。

練就此能力之後，你會發現身旁有許多人事物都是有改善空間的，而這些都是你能夠幫忙的。這時，請「勇於提案」，向這些可能可以用到你能力的人提出解決方案，很有可能你就因此進入一個有潛力的事業體，或瞭解某項生意，或認識了某位貴人。很多時候，賺錢機會就這樣出現了。

我常常都是這樣找到賺錢機會的，記住，要勇於提案，同時要克服恐懼，專注機會，這是有錢人必備的能力。

3-7 進步就靠 0.1步哲學

> 比其他人優越算不上高尚，比從前的自己
> 優越才是真正的高尚。
>
> ——歐內斯特‧海明威

速度與賽車，你會聯想到什麼呢？

這是一隻充滿理想的小蝸牛故事，這隻蝸牛最大的願望就是能夠贏得世界級的一級方程式賽車比賽，大家都嘲笑他不可能實現這個夢想，不過樂觀的小蝸牛從不氣餒，儘管爬行速度在別人眼裡是如此緩慢，但是他依然模擬賽車時的各種狀況。

有趣的是在一次意外事故中，他不慎被吸進了超級賽車的引擎之中，使體內細胞產生了化學變化，從此得到一股神奇的加速度，讓他平常練習的賽車技術終於發揮作用，甚至在賽車界也引起了另一股新旋風。

　　這是電影《渦輪方程式Turbo》中主角蝸寶的故事，當他站上賽車場的起跑線，讓全場「蝸」目相看，證明了小小蝸牛也能全速達陣，可見個頭雖小，有夢最大！他的故事也告訴大家，不論什麼夢想，只要朝目標邁進，即使是一小步也有成真的一天。

夢想不設限

　　電影中的蝸寶並沒有因為自己只是一隻蝸牛，而設限自己的夢想，我也鼓勵大家在發想任何夢想的時候，不要設定任何物理限制，尤其是訂定目標時，一定要超越理想的「標的」。例如：

（X）我想像冠軍賽車手一樣厲害！

（○）我一定要超越冠軍賽車手！

舉個實例，美國大聯盟棒球賽中的天才打者鈴木一朗，究竟還有哪個球員是他的偶像呢？他不是別人，就是生涯擁有615支全壘打，在史上排名第五的小葛瑞菲(Ken Griffey Jr.)。

「小葛一直是我心目中的英雄，」一朗說道，這位入選水手隊名人堂的打者，被譽為上個世代最受人喜愛的棒球巨星，形象正面且清新的他，在球場上總是全力以赴去拼搏每一球。

但是在二○一四年，鈴木一朗終於有超越自己偶像的時候，他擔任洋基隊外野手擊出生涯中第2782支安打，超越了小葛瑞菲，在大聯盟史上排名第四十九。所以不要害怕設定遠大的夢想，每個成功者總是以超越自己的偶像為目標。

此外，還有很重要的一點就是不要隨處亂問人，要問就要問在業界成功的人。「學到錯誤的知識」比「未學過知識」的人更容易失敗，因為棟樑歪了，大樓自然蓋不正，而且還容易倒塌呢！

將夢想灌注在小行動

當你確立了夢想，就要立即採取行動！

許多人一想到這裡就開始打退堂鼓，並為自己找很多藉口「今天很忙」、「明天有約」……等等，不過，其實沒有那麼困難！

我有一位朋友很喜歡夏威夷的呼拉舞，她心神嚮往到椰林樹影、水清沙幼的夏威夷，戴着花環，身穿草裙跳舞，但是聽了她說很多年了，卻遲遲未開始學舞，原因不外乎，要照顧小孩、要加班、要……。

於是，有天我告訴她了我的「0.1步哲學」，她才恍然大悟，原來夢想實現並沒有想像中困難。這個方法很簡單，我沒有叫她馬上就去報名上課，或是馬上訂機票去夏威夷，我只告訴這位朋友，先上網去查查夏威夷舞的課程要多少錢，離家裡最近的教室在哪裡？

她驚奇的說：「就這樣？」

我堅定的告訴她：「對！就這樣。」

聽完我的建議後，她真的就上網去查了，一找才發現原來

家裡附近就有一間，而且上課時間很彈性，實在很符合她的需求。現在她不但在參加過台灣比賽，也到了夏威夷去表演呢！

各位親愛的朋友，如果我們沒辦法前進一大步，那麼半步也好，如果也沒辦法跨出半步，那就0.1步吧！我們不用一次跨越一大步，但是跨越一小步也是一種成長。

不過這裡有個觀念一定要注意，就是「不能當下立刻花錢」，我所說的前進是指執行力的部分，並非消費的部分。所以只要花錢的事情，還是要想清楚才能下手。

大大慶祝行動達成

通常在執行計畫時，還會遇到一個障礙，就是效果不是很理想，我們就容易放棄了。

其實，不需要對自己過於嚴格的考核，舉個我自己辦分享會的實例，記得第一次辦活動時，沒有半個人來，第二次還是沒人來，當時我如果覺得「怎麼那麼差！」，因而停辦活動，那麼後續也就沒機會成功了。

終於到了第三次，還是沒人來，沒關係，我還是繼續寫講義、活動還是照辦，秉持著這樣的奮戰精神，現在分享會已經是場場爆滿！

為什麼我能克服這樣的障礙呢？

很重要的一點就是「即使只前進0.1步，也要大大慶祝」！

當天雖然分享會沒半個人來，但是我回到家後，還是好好犒賞自己去泡個澡、喝杯紅酒。這裡要強調的一點是所謂「大大」不是指金錢大小，而是高能量的給予自己掌聲。例如去喝杯不錯的紅酒，或是在屋頂大聲呼喊「我是最棒的!」。總之，就是做些讓自己充滿能量的事情，來慶祝自己又進步了。

給予自己更多信心，才有能量勇敢的朝夢想前進！

關 鍵 練 習

當你有夢想卻不知從何開始，那就從最簡單的開始做做看吧！完成之後，別忘了為自己慶祝一番，閉上眼睛，唱一首歌；選一首喜歡的歌，或是選一首唱了會鼓舞你的歌，快樂地哼著，也不錯喔！

課程心得

前幾年因為失業，心情壓力很重，家人也不諒解，於是我選擇了投入宗教，過著很少與人互動的生活，雖然達到舒壓的功效，但其實是在逃避問題。

在家人拜託之下，我才勉強去聽了林老師的一場演講，當下深深覺得這位年輕的講師與眾不同，有點搞笑，卻又很有人生歷練。

後來我決定先報名他的一個小課程看看，上了一堂課之後，我馬上報他全系列的課程。經過一年半的學習歷程，我重生了，不僅找回自信心，把債務也還清了，現在家人願意重新接納我，我真的很感謝林老師對我的付出。

與林老師認識了也快兩年了，這些年報課程的費用早已十倍回收了，聽到他終於要出書了，我真心的祝福他。也誠摯的推薦在人生道路上及財富道路上找不到方向，或曾經跌倒過的朋友們，來聽聽林老師的演講，一定會讓你擁有重新出發的力量。

祝福林老師及本書所有讀者

新竹 邱先生

＊失敗者很倉促下決定，之後很容易更改。

成功者不輕易下決定，之後不隨便更改。

俊傑有句名言：「越急越要慢，一開始的慢是為了後面的快！」

＊財富是在每個人之間流通，俊傑有句名言：「不是有錢人太強，而是窮人誤以為自己太弱。」富裕是正常的，所以不要纏住自己的小腳，認為自己太弱，相信自己的價值，你絕對值得更好、更幸福的生活。

＊創業者要懂得先推銷自己的價值或自行創造價值。俊傑有句名言：「創業必須將焦點放在行銷和業務上。」

＊第一次見面就認定「我有機會幫助對方」，只要這麼想，任何人都可以成為朋友。

＊「我勢必致富」的想法必須堅硬到任何人都無法動搖，包括最親密的人。

＊當你想到是為全世界服務時，立刻能從消極思想中跳脫出來。

第四章

實戰心法，
賺錢跟我來！

4-1 不花錢就創業的「直銷業」

當哥倫布發現美洲的時候，他知道他航向何處嗎？他的目標只是前進，一直向前進。

—法國諾貝爾文學獎作家 紀德

　　你可能遇過親朋好友狂拉你加入傳直銷業，也一定看過網路上令人眼花撩亂的直銷業宣傳。目前社會大眾對「直銷」產業總是有許多負面的觀感，主要是由於以往錯誤的推銷方式，也有許多不肖份子利用「人性貪財」的弱點，把某些商品包裝「高獲利」的糖衣，到處招搖撞騙。

我因為人緣不錯，時常有朋友或學員邀請我加入傳直銷，只要我有空都會去聽看看，因此也免費學到許多行銷的新方法。我認為不管你喜不喜歡傳直銷，它只會越來越多，因為傳直銷是極具威力的商業模式。

直銷有各種不同的組織架構與獎金制度，而多層次傳銷也是其中之一。事實上，這些公司大部分已經是正派合法的商業模式之一，並非我們所謂的「老鼠會」，所以如果想讓自己有不同管道的收入，何不加入正派經營的大公司，讓自己多一種選擇呢？

活用人脈致富

《富爸爸窮爸爸》相信大家都不陌生，而作者羅勃特・T・清崎還出了一本經典著作，就是《富爸爸商學院》。撰寫本書的主要原因來自於一封讀者的信，一名充滿困惑的妻子對於先生從事傳銷事業，花了許多的時間和精力為著金字塔上層的上線們努力銷售公司的產品，卻沒有得到相同的回報，諸如此類

的困惑與疑問我們也經常聽到。

他在書中寫道：「很多傳銷公司向數百萬人提供讓人們有機會建立自己的事業王國，而不是為了某家企業終生辛勞。……傳銷向全世界數以億計的人們，提供了一個把握個人生活和財務未來的良機。……如果一切都可以重來一遍，我肯定不會創建傳統的企業，我肯定會建立一家傳銷企業」。

其實，羅勃特本人與任何一家直銷公司都毫無瓜葛，也沒有從任何一家直銷公司中賺取一分錢，但是為什麼他要推薦直銷企業呢？

羅勃特認為「世界上最富有的人總是不斷地建立人脈網絡，而其他人則被教育著去找工作。」因此在書中提出了「人脈致富」的理念，強調這個理念中11大核心價值，有助於人們在現金流象限中成為贏家：

1.真正平等的機會

2.改變人生的財商教育

3.志同道合的朋友圈子

4.等比級數增長的人際網路

5.培養個人的推銷技巧

6.培養個人的領導技巧

7.不為金錢工作

8.追逐夢想

9.和伴侶一起工作

10.建立家族企業

11.運用富人們的納稅技巧

我認為其中幾大價值是很重要的，例如：「不為金錢工作」這點，就是很多人的迷思。或許你會問，不就是要先賺錢才能財富自由嗎？但是如果你一心一意只想要賺錢，那麼任何事業都不容易長久，而且很快的就會將你的人脈損耗殆盡。

你想做多大就做多大

我認為多層次傳直銷，其實給現代人一個很好獨立創業的機會，它不僅可以給你提供金錢的收入，還可以激發更多的潛能，以及正面積極的思想，進一步改善生活品質，以下列舉七個特點：

1. **低起步費用**：不需一大筆雄厚的資金，就可以開始自己的事業。

2. **不需管理的環節**：不需經營一間公司，聘請人員、倉儲管理……等等，只需要負責好銷售的部分。

3. **磨練銷售技巧**：訓練口才，加強表達與溝通能力的學習。

4. **良好的教育系統**：對於經商的相關經驗和能力，將有更高明的人來指點你，而其中許多課程可能是免費的。

5. **學會領導能力**：在一間公司，要經過多少年的奮鬥，甚至勾心鬥角才能爬到主管一職，但是在直銷界很快就有機會去學會帶人與組織能力。

由於直銷的產品大多是重複消費的，每個人和家庭都需要，因此你想做多大就做多大。我倒覺得這是一個很適合上班族的兼差兼職方式，當然一定要慎選合法的公司，初期可以當為被動收入，但是既然決心投入，還是要火力全開。

我常說：「致富像是練武功」，一定要每天勤練，才能練成深厚的內力，要是只想走邪門歪路，有可能練功速度變快，但是畢竟還是不扎實，還容易走火入魔。所以不能只是透過介紹其他人加入而賺取佣金，一定要扎實的充實自己才能勝出。

此外，直銷業如何在眾多市場中勝出呢？俊傑教你三招:

一、前面章節也提到一定要揹負多重事業體，也就是你除了一項直銷事業之外，最好也能對其他行業有所涉略。這樣才能提供客戶額外的附加價值，比如房地產，股票，珠寶各行各業相關的知識都要懂一些，提升自己內在的豐富性，讓客人覺得你的價值不只如此。

二、決定參加某公司之前，務必去總公司親自考察，透過自己的研究來了解公司及產品，絕不可因為簡短的分享會就決定要參加，否則只是把自己多年的人脈拿來冒險而已。

三、想辦法跟最頂尖的大上線學習，千萬不要因為人情壓力而把自己簽給了介紹者，如果他能力太弱，之後跟著他就會很累，與其如此不如一開始就向最強的學習。我也都是找世界級的大師當教練，才能一次到位，快速成功。

直銷必勝招式：

我每年都會被學員邀請去聽一些直銷講座，有時是幫學員

評估，有時是學員希望我加入，但結果通常讓他們失望。

我通常不會加入學員的體系，而是找到該直銷公司最高階級的某幾位頂尖人士，想辦法與他們見面，以合作的角度，或是向他學習的態度（付費也無妨），加入他們的體系。這樣簡直是把對方當成我的顧問，之後，我賺到的錢再提撥很大的比例來回饋給這位頂尖的上線。

於是這位頂尖上線免費多了一位付費來學習的下線，我則是多了一位最專業的顧問來指導我，這樣成功率大增。最後賺到錢，大家再一起分享，不是很好嗎？這比起加入太弱的體系，浪費大量時間摸索，來得有效率。

因為對於有錢人而言，時間的重要性是遠遠大過金錢啊！

第四章　實戰心法，賺錢跟我來！

4-2 借光發亮的 「保養品網店」

> 時間有限，不要浪費時間活在別人的陰影裡；不要被教條所惑，盲從教條等於活在別人的思考中；不要讓他人的噪音壓過自己的心聲。
>
> ──蘋果電腦創辦人　賈伯斯

統一超商營運長謝健南接受《蘋果》副刊專訪時表示，網路商店透過臉書行銷，曾創下一天賣七千箱茶品的紀錄，是實體商店最熱賣飲料一周的總銷量。

網路購物到底在紅什麼？

網路購物的世界一直在進化，並且正改變著我們的生活。

現在網路購物可不是年輕人的玩意，年紀愈大，愈有消費能力，已經漸漸成為網購的主力族群。大家瘋網購的原因，不外乎是方便搜尋、以及容易比較價格等等，而且網購上什麼都有、什麼都賣。更方便的是，還有二十四小時內到貨的服務。

自創品牌的創意銷售

有位學員，上完我的課之後告訴我，她已經將美容院的工作辭掉，未來打算銷售A牌保養品，希望朝著財務自由邁進。雖然有了方向，卻沒有銷售管道的她，就像我當初創業一樣，毫無頭緒的摸索著方法，非常苦惱。當下，我就建議她可以採用網路銷售的方式，因為網路可說是成本最低的創業方式之一，不用請店員，也不用付房租、水電。但是對於網路一竅不通的她實在不知從何開始。

人生沒有用不到的經歷，重要的是懂得在每次經歷中攝取養分。於是，我將以前在韓系美妝公司的知識，再加上一些行銷創意的想法告訴她，幫助她開始保養品網店的創業。

由於她的品牌沒有任何名氣、市面上也完全看不到，因此我們找了一個法國大品牌，然後進口少量樣品，再用法國品牌打頭陣，吸引目光，等人氣聚集後，她的Ａ牌保養品自然搭上順風車，順利進攻市場，借由其它大品牌來帶動自己的保養品。這就像雜誌的封面女郎，主要是吸引人來網站購買，藉由母雞帶小雞的效益，使得自己的品牌也衝出好業績。

電子商務潛力無窮

電子商務現在可是兵家必爭之地，現在提起「通路」，大家也不會將網路這條通路等閒視之，因為這不僅令門市生意大受影響，也令百貨業者備受衝擊。

據香港文匯報報導「亞洲商業重鎮上海，如今多數百貨公司全年都在慘淡經營，無論是本土老店，抑或是外資巨頭，均被電商打壓得暈頭轉向。數據統計顯示，上海五十四家百貨公司全年收益，居然不敵淘寶雙11一天。」

面對網路購物的強烈衝擊，許多店家都在思索轉型之路。

的確，讓商品在網路銷售是成為被動收入最快的模式之一，但是網路購物競爭激烈，網路平台與線上功能也日新月異，如果沒有隨時學習新的知識，想成功出擊，說來不易。在比價比服務的網路商店裡，怎麼樣才能有所突破呢？

我認為「**網拍難作、網路行銷不死**」，網路上賣的可不只是產品本身，更重要的是行銷的方式。誠如我與學員合作的 A 牌保養品，如果網站本身只銷售自家產品，那麼光是要教育消費者這個新產品多好用，不知就要花多少廣告費與時間了。因此一定要利用一些創意，讓行銷不只是產品的銷售而已，建立品牌與顧客之間的信任更能帶動人氣。

除了行銷模式，還要**建立產品的獨特性**。想在眾多商品中殺出一條血路，一定要能讓消費者看見更高的附加價值。我個人在做任何事業，永遠都會想著如何提供特殊價值，才能讓客戶「非我不可」的向我購買。例如生機食品正夯，許多業者標榜自己的產品有多少的認證，但是人人都是這麼誇讚自家產品的，因此無法凸顯你的優勢又在哪裡？為了建立產品的獨特性，一定要加值改裝一下，比方加上「喝了頭髮超柔順食譜」一起販售（以上純屬虛構，如有雷同純屬巧合），相信一定會

引起毛躁秀髮的女生好奇感，進而購買。

最後，**售後服務是道完美的甜點**，吃完了主餐，別忘了收尾也很重要，除了開發新客戶之外，持續跟進舊客戶也是一門重要的學問。品牌的黏著度也在乎於這道甜點是否具有甜死人不償命的功力，所以適時的與舊客戶保持互動，讓客戶對自己的產品保持印象。例如我的學員上完課程後，我都會與他們保持長達半年以上的互動，真心關懷他們有沒有把所學發揮，並賺到錢，你的真心付出，客戶絕對會有所感受，自然幫你口碑行銷，客戶就會源源不絕。

第四章　實戰心法，賺錢跟我來！

4-3 幸運「彩券行」開店之道

> 創新是創業家所擁有最明顯的工具。創新的行為，用新的辦法，以新的能力來創造財富。
>
> —管理學大師 彼得杜拉克

　　台灣的咖啡店如雨後春筍般出現，最近我家巷口的街角也傳來一陣咖啡香，經過的路人雖然會多停留幾秒品聞，但是進去消費的卻不多。我好奇這間新開的咖啡店可以撐多久，原因無它，這間店面總是做什麼倒什麼，你家附近是否也有這樣的店面，一天到晚在換招牌嗎？

火花四溢的異業結盟

開店的人最擔心門可羅雀，怎麼讓自己的生意蒸蒸日上，在這個不景氣的年代，也是大家絞盡腦汁的重點。

在我的課堂中有來自北中南各地的學員，但是有位學員卻讓人印象特別深刻，他不但遠從台中來台北上課，而且是推著輪椅來的。大家都很佩服他的學習向上之心，一問之下才知道原來這位是台中某彩券行的老闆。他說起自己年輕時的經歷，因為一次事故而下半身癱瘓，但是他從不氣餒，現在回想起來，反而感謝老天的恩賜，讓他有這個機會成為全國第一家開出樂透頭彩的彩券行。

開在三角窗的彩券行老闆還開了分店，雖然生意興隆，但面對百家爭鳴、競爭激烈的情況下，他也毫不敢鬆懈。年過半百的他，藉由我的課程學習到很多新知，甚至發想出很多創意的行銷方式，例如：對附近店家招商，在彩券行的紅包袋上列印廣告，不但能幫助附近店家行銷，也多增加一些額外收入。

此外，我也提議讓同學們互相合作，有位對超跑很有研究的學員，我鼓勵他舉辦超跑車隊的體驗活動，然後我邀請這

位老闆提供幸運彩券行特選的刮刮樂，他也很樂意與超跑活動結合，類似這樣的異業結盟方案不但讓參與活動者覺得物超所值，也讓彼此的合作都受益。

開店實戰心法

當年我自己在開單車店時，也是經歷過無數戰火，因此對於開店也有些心得。開店的範圍很廣泛，但是仍然有些共通的心法：

1. 確定客群來源

在商場上我的另一個座右銘就是「只要不花錢的，都可以去嘗試」，以累積經驗，但是「就算只是花一塊錢，也要仔細評估」。因此在開店前，一定要先確保客群來源。舉一個例子，有位寵物造型師一直希望開一間寵物的美容院，但是又擔心這樣的消費族群不多，因此他試著在自家幫附近的鄰居服務，並且在網站上經營寵物部落格，慢慢建立自己的口碑。結

果，天天預約爆滿，在客群穩定之後，他才開始開店。所以與其開店後才開始擔心客源，還不如確定客群來源再來開店，會讓你事半功倍。

2. 開店前先臥底

這點我覺得很重要，「臥底」其實就是要觀察同行。在外看熱鬧，入內才能看得出門道，很多經營上的眉角，絕對是自己用想也想不到的，因此一定要先到同行實習一段時間，深入瞭解你想開的行業將會遇到什麼樣的問題。我當年離開舒服的辦公室去開店前，也扎扎實實蹲在別人店裡當了三個月的學徒，留下了日後重要的業界人脈。

3. 找對商圈及地點

開店的原則依然是地點、地點、地點！前面章節也提過我曾經將單車店開在高架橋下，結果每天經過的只有砂石車，不見幾輛腳踏車經過，最後只好再尋覓更好的地點。我認為所謂「對的地點」不只是選擇在黃金地段，還必須適合自己要開的行業，簡單的說，就是要找到主要目標消費族群出入的場所。

4. 創業前的心態準備

　　在前面的章節也提過創業不是開店才開始，事先準備佔了七成！或許你擁有黃金店面，資金也到位，技術很純熟，但是你有創業該有的心態嗎？面對挫折、面對困難該怎麼應對呢？在創業前，一定要參與一些課程學習，不只是開店技巧，最重要的就是有正確態度。

　　開店真的是門大學問，就算一切準備就緒，仍然會有各種狀況接踵而來，但是開店有趣的地方也在這裡，你會遇到各種形形色色的人，也有機會將自己的產品發揚光大。如果想要和「爆米發彩券行」的老闆一樣生意興隆，別忘了「學習」才是不敗之道。

第四章　實戰心法，賺錢跟我來！

4-4 沒騙你，我是「珠寶大亨」

> 勇氣是人類最重要的一種特質，倘若有了勇氣，人類其它的特質自然也就具備了。
>
> ——前英國首相 邱吉爾

誰說一定要大把大把的金銀珠寶，才能當珠寶大亨！

許多人都認為，自己又不是富二代，也沒有貴婦命，哪來的資金開店進貨。現在我就要教你，只要懂得充分使用「樣本」的概念，其實你也一定做得到。

展示會的銷售技巧

伸展台上模特兒穿著不對稱的洋裝，來回走秀，這是每年服裝設計公司都會舉辦的展示會，一來宣傳自己的品牌理念，二來向店家或是盤商展示當季的新款服裝。藉由這樣的展示會，各個廠商再向服裝設計公司下訂單，決定今年生產的數量。因此服裝設計公司不用一開始就大量生產，只要等這些樣衣受到青睞，再來生產即可。

從上述的方式，你是否發現了獲利模式呢？

舉個例子，有位房仲小姐因為工作的關係認識很多貴婦，再加上他本身也很喜歡珠寶，因此一直想轉行賣珠寶，但是每顆都動輒數十萬甚至數百萬，那麼她是否沒有機會實現夢想了呢？

錯了！答案當然是有可能的。只要利用上述方法，還是能獲利，甚至能夠帶來被動收入。

這位房仲小姐事先購買一顆「樣本」，接著將樣本展示給客戶讓人知道她已經開始從事這項買賣。因為平常她已經與貴婦團培養許多信任感，接著有需求的人自然會來問她，房仲小

姐只要針對貴婦的需求再回頭找貨源即可，如此就不必投入過多資金，降低風險，漸漸開始產生獲利。

樣本銷售成功心法

這樣的銷售方式其實很簡單，關鍵就在於下列三點：

1. 取得樣本

首先一定要能取得展示的樣本，買的也好、租的也可，只要能有展示的樣本就有機會向客人銷售。當然這個樣本只需少量，不用各種花色齊全，最重要的是讓人知道你已經有管道取得商品。

2. 創新的銷售模式

什麼叫做創新？想當然就是不同於一般的通路，大多數人往往受限於各種行業習慣、資源、人力等現實面考量，無法跳出既有框架，因而缺乏新的思維。例如，誰說汽車一定要在展

示間才能銷售，特斯拉電動車不就只靠一場發表會，一周內就預售了數十萬台電動車嗎？所以，只要把握限時限量的行銷技巧，你也能有創新的銷售模式。

3. 讓利制度

在樣本銷售中很重要的一環就是讓利制度，前面章節我們也介紹過讓利制度，由於這是樣本，並非自己生產而來，因此在分得利潤時，必須給予你的伙伴，或是供貨廠商更多利潤。

仔細想想，你的週遭是否也有這樣的取財之道？先別急著搖頭，讓我再告訴大家一個真實案例。有位單車愛好者，平時常在單車社團或是討論區留言，某次他想要購買一項零件，於是先到店家一一詢價，找到最便宜的價格後，接著再詢問社團裡的單車愛好者是否有人願意易一起購買，結果吸引了大批同好與他團購。這是他的第一筆生意，於是他與店家採取利潤對分，店家眼見這樣的好顧客，當然願意提供更優惠的價格，後來也成功為他帶來其它零件的訂單。

這個案例能夠成功，就在於他對於各大社團與討論區有用心經營，才能建立起「創新的銷售管道」，而且在分享利潤

上，也符合讓利制度的精神，所以為他之後帶來更多利潤。各位讀者，對於自己平常有興趣的事物，多花點心思也是可以賺到錢的。

第四章　實戰心法，賺錢跟我來！

4-5　將人脈變錢脈的「分享會」

> 熱忱不只是外在的表現，而是發自內心。當你全心投入時，就是熱忱誕生的時刻。
>
> ——人際關係學大師　卡內基

　　小資族的煩惱不外乎想創業沒資金、想開店沒商品、想行銷沒通路、想轉行沒技能。因此很多人一心只想投資致富，但是這絕對不是正確的致富心態，究竟該怎麼樣才是長久的賺錢模式呢？

　　如果你既沒有商品也不想開店，還是有賺錢的方式，就算你是上班族也能靠著一步一腳印累積實力，讓我們一起來瞭解

如何將人脈變錢脈的秘訣吧！

用分享取代推銷

「小姐，這個產品很好用，很多人用過我們家面膜都說好。」周末全家一起去逛街，經過百貨公司一樓專櫃，銷售員努力推銷著產品，但是我老婆絲毫沒有因此停留下腳步。

你還在利用這些話術推銷公司的產品嗎？拿著商品一見面就要推銷，當然容易碰壁，在資訊爆炸的年代，銷售已經不僅是單純的販售，還要懂得回饋，只要將自己專業領域分享給大家就足以累積人脈。注意！這裡說的是「分享」，既然是分享就不要再想著要推銷了，只要誠心誠意的分享，千萬不要在分享的途中露出蛛絲馬跡想要推銷產品。**其實，只要分享的人數夠多，根據「二八法則」，最後一定會有人詢問以及購買你的商品。**

如果只是上班族心態，將來格局只會越來越小，所以我一直很鼓勵大家出來分享自己的專業知識。舉個真實案例，有

位學員來上我的課，他是一位經驗豐富的帳務管理師，但是在工作上一直無法突破自我，於是我先協助他舉辦節稅分享會，將自己的專業知識幫助更多人，結果對於這方面有興趣的人很多，大家在分享會中不僅熱切詢問，最後還成為他的顧客，原因是因為人跟人見面會有親切感，再加上真誠分享後就會有信任感。

他說這是他萬萬想不到的，之前努力推廣業務績效也不佳，但是一場單純的教育式分享會卻帶來這麼大的迴響。就像我常說的；「信任是這個年代最重要的資產」，因此親切感加信任感就會讓客戶開心的付錢。

網路不該取代傳統分享方式

人手一機的年代，社交網路日益活絡，無論是公司還是個人，大家都想透過網路來傳播相關訊息。然而網路的主要溝通模式是單向的，因此我認為面對面的分享模式還是不可或缺的。

《遠見雜誌》就曾報導瑞士雀巢公司（Nestlé）旗下的

Nespresso法國分公司多年來，透過電話而來的訂單比率高達90％，僅有10％的訂單，來自專賣店。但是就在官網開張後不過數年，一半以上的訂單就轉透過網站而來。不過該公司的總裁阿諾德・德尚（Arnaud Deschamps）並沒刪減對電話客服中心的投資，反而還增加；理由很簡單：客戶還是習慣打電話，只不過不一定在電話中下訂單。德尚說：「在法國，人們遇上問題時，比較喜歡直接和人聯繫，喜歡去專賣店或打電話。」

的確，人們喜愛取得相關資訊，知道得愈多，就覺得自己愈聰明。因此想讓人脈變成錢脈，關鍵就在於如何讓對方免費獲取所需的資訊，當對方信任你的資訊，自然就會購買產品。

專業知識的養成

想要分享給大眾，你的資訊一定要有威力，平常要養成吸取知識的習慣，如果不是世界頂尖，那至少也要台灣頂尖，要不然也要成為公司的頂尖。

或許有人會說，那我現在還沒達到頂尖，就不能「分享」

了嗎？**當然不是，只要將知道的資訊教育給不知道的人就是一種「分享」了。**另外「解決自己的問題最好的方法，就是去幫助有同樣問題的人」，有時助人的力量勝過只想幫助自己，於是反而更快想出新方法，不僅助人也自助，同時也賺到錢。你知道的房地產知識有十分，那就分享給完全不懂房地產資訊的人；你的美妝功力還不到大師等級，那就分享給只會素顏出門的人。

我說過這是「一步一腳印累積實力」，我們的目標是成為頂尖，分享的人數才能越來越多，所以現在就開始準備你一場自己的分享會吧！

　第四章　實戰心法，賺錢跟我來！

4-6 「找對客戶」讓業績百倍成長

> 如果你要成功，你應該朝新的道路前進，
> 不要跟隨被踩爛了的成功之路。
> ——美國實業家　約翰・戴・森洛克菲勒

「都一年多了，業績還是陷在泥沼裡！」

這是我常在課堂上聽到學員對工作的描述。大多這樣的狀況，並非產品不好，也非不夠努力，而是工作的方式需要調整，通常我會根據他們的問題，給予適當的建議。下面我就舉一個實例，分享給大家，如果你也是面臨這樣的問題，希望能藉由這個故事突破你在銷售上的盲點。

找對精準客戶

我有學員是一對夫妻，兩人去澳洲打工度假半年，就存到第一桶金，他們也因此獲得了當地合法工作多元的消息和管道，於是回台灣創業幫助更多人到澳洲取得合法工作。這項創業沒有什麼成本，就是在傳遞、分享合法工作的觀念，同時提供合法工作的訊息和機會，從中獲得合理的服務費。

創業初期並沒有他們想像中容易，因為他們從未創業，也不是主修商學相關的專業科系，對於市場、行銷、當老闆完全陌生，一點概念都沒有。他們只憑著一股熱情，辦活動分享合法打工的理念和訊息，但是效果有限，期間他們問了很多創業家，但總不見公司服務的人數有所成長。後來上完我的課之後，我雖然鼓勵他們繼續努力，但是也告訴他們：「並不是好東西別人就一定會接受，商品再好也不能強迫市場接受。」

我發現他們最大的問題在於「沒有找到關鍵客戶」，只是一盤散沙到處拉人，因此我告訴他們首先要找到最精準的客戶，也就是真正有需求的人、真正需要這項服務的人，才不會像無頭蒼蠅亂飛。例如，並不是所有背包客都想要去工作，有

些人只想渡個假、提升語言能力，這些人對於他們提供的工作機會是好或是壞一點都不感興趣。

　　所以我建議他們盡可能讓最大量的人認識他們，經過一次又一次的見面和接觸，建立信任感，在從中篩選出精準客戶，進而達到提供最終的服務目的。他們也很認真，不斷修正，遇到問題就來請教我，這中間也指導他們「產品多樣性」的重要，運用不同的商品來找出真正的顧客。現在他們服務的人數成長了，有更多的背包客因為他們的努力得到更好的工作待遇，而他們也享受到創業成功的甜果！

正確的接觸管道

　　假設今天要主打一項汽車周邊用品，那曝光管道該從何下手呢？一般提到汽車周邊用品，大多人都會聯想到像是國內著名的網路等論壇曝光，而不會在一個美容網站打廣告。相反的，如果是賣乳液等保養品，就可以考慮至美容相關網站或是論壇等管道曝光。

這道理雖然淺顯易懂，但是許多人卻容易忽略，選對正確接觸管道，自然與潛在客戶接觸到的機率就會大增。如果仔細去思考潛在客戶會出現的地方，就能用更有效率的方式和他接觸。所以，事前的分析工作可不能少，否則只是浪費銀彈，做無效的曝光。

我有一位學員從國外獲得了麝香貓咖啡，他也懂得人脈很重要，於是努力請身旁好友推薦，大量邀請他們試喝，並提供高額的獎金制度，希望大家協助推廣，其實這樣的創業思維及方向並非最好的，只是用盡了自己累積的人脈，就沒輒了。

我當時就建議他要懂得接觸正確管道，找到一些產品的精準客戶，而非只是榨乾自己與周遭朋友的人脈。那該怎麼做呢？

他應該去接觸大量喜愛麝香貓咖啡的愛好者，如一些咖啡俱樂部等等，用低廉的價格或是免費將產品讓他們嚐試，只要這些人喜愛這些咖啡，基本上就有生存的空間了。接著再從這些愛好者中找出有能加以推廣能力的人，設計一些制度，邀請他們成為你的經銷商，漸漸推廣咖啡產品。

看完本章節，是否有股躍躍欲試的衝勁？那麼就從以下簡單幾個步驟開始吧！

1. 請為自己的未來事業先成立一個實體或網路社團，想好要組成的社團類別了嗎？

2. 請將自己的專業知識分享給喜歡你的群眾，慢慢累積信任人數。

3. 多留意周遭的朋友或是你關心的族群，將來可以作為異業結盟的合作機會。

4. 最後，別忘了多參與財富課程，學習致富心態，隨時為自己保持新的資訊來源，及源源不絕的動力。

第四章　實戰心法，賺錢跟我來！

4-7 樂於助人，就註定會成功

> 你思考你喜歡做的事，但更重要的是你能
> 做什麼讓世界更美好。
>
> ——微軟共同創辦人　保羅·艾倫

　　你想要做一番大事業嗎？先不急，偉人都是先用偉大的方式做好身旁小事，之後重責大任才會找上門來，同時也將帶你巨大的財富。

　　什麼是小事呢？舉例，我認識一位大姐，她的一個好朋友，已六十多歲了，身體也不太好，為了生計，不得不在街上擺攤賣點小吃，但因年老體衰，也沒有行銷的能力，更別說是

要使用網路了。

　　所以生意一直不好，大姐知道我懂行銷，於是請我給她這位朋友一點建議，我就利用有空時，自己花了交通費，大老遠的去她的攤位考察，再將建議整理好之後，與這兩位大姐分享，希望能盡一點心力。後來她依照我的建議，應用了一些行銷手法，於是生意漸漸上軌道，當我聽到這消息，也真心為她高興。

給予者收獲

　　你覺得是我在幫她嗎？不對，是她在幫我！她讓我有機會貢獻，她讓我有機會練習行銷，最後受益的不僅是她，也是我。所以有一包話說「給予者收獲」，此言不假。

　　對於成功致富而言，最有效的方法就是多幫助別人，你的事業幫助的人愈多，你就會獲得更多財富，但我建議，一定要先從身旁的人開始幫起，才不會本末倒置。

　　為什麼要成功，要賺錢，就必須養成樂於助人的習慣，這

也是我自己的深刻體驗，因為以前我可不是這樣的人。以前的我沒那麼熱心，一直到我發現一個宇宙法則，就是「你怎樣對待這個世界，這個世界就怎樣對待你」，這才明白，我們的外在世界，就是我們的內心世界所塑造的。當我們樂於助人，內心散發這樣的磁場，很快的，根據吸引力法則，你身旁就會出現許多樂於幫助你的人，於是做什麼都會成功。

各位朋友，如果你還在抱怨為什麼你過的那麼辛苦，都賺不到錢，只要想想，你每天在工作上，在事業上，在為人處事上，到底幫了多少人，就可知道原因了。

依照此道理，我悟出最佳的商業模式心法：就是賺錢過程中，一定要讓所有與你有聯結的人，都因你而獲得好處。

心法對了，資源自動就來

在我經歷了許多挑戰及犯了許多錯誤，三十九歲那一年，閉關修練，終於悟出一個道理，這也是致富的終極之道及最有威力的心法。

就是你除了要發自內心，熱於助人外，你若有自己的事業，則你必需規劃一套，讓你及所有與此事業有相關連的人都能獲得價值或金錢，甚至連你的競爭對手，都能因你賺錢而受惠。則你這輩子在商場上，將無往不利，賺錢過程將會非常順利，最後達成我常說起的那一句話「賺錢的過程中充滿樂趣」，而且是有無窮的樂趣。

所以致富根本無需強求，也無需過勞，而是心法對了，資源會自動吸引而來，這才是全天下最棒的商業模式。

你看，像Uber為何能成功？

他的商業模式，就是讓客戶多了更多更好的選擇，參加者多了工作賺錢的機會，並讓投資者也賺錢，這樣的成功案例，在未來的日子將會愈來愈多，愈來愈快。

所以，你現在是不是有自己的事業呢？建議你現在就拿張白紙，寫下如何更改你的商業模式，讓與你有聯結的人都能因你而獲利。如果你能體會我所言，並實際應用，相信你一定能獲得重大突破，財富湧進的速度將會超越你的想像。

* 提供額外的附加價值，比如房地產，股票，珠寶各行各業相關的知識都要懂一些，提升自己內在的豐富性，讓客人覺得你的價值不只如此，相信如此一來你絕對可以投入成功的懷抱。

* 售後服務是道完美的甜點，吃完了主餐，別忘了收尾也很重要，除了開發新客戶之外，持續跟進舊客戶也是一門重要的學問。品牌的黏著度也在乎於這道甜點是否具有甜死人不償命的功力，所以適時的與舊客戶保持互動，讓客戶對自己的產品保持印象。

* 創業不是開店才開始，事先準備佔七成！或許你擁有黃金店面，資金也到位，技術很純熟，但是你有創業該有的心態嗎？面對挫折、面對困難該怎麼應對呢？在創業前，一定要參與一些課程學習，不只是開店技巧，最重要的就是有正確態度。

＊建立起「創新的銷售管道」，而且在分享利潤上，也符合讓利制度的精神，之後就能帶來更多利潤。

＊「解決自己的問題最好的方法，就是去幫助有同樣問題的人」，有時助人的力量勝過只想幫助自己，於是反而更快想出新方法，不僅助人也自助，同時也賺到錢。

＊仔細去思考潛在客戶會出現的地方，就能用更有效率的方式和他接觸。懂得接觸正確管道，才能找到一些產品的精準客戶，而非只是榨乾自己與周遭朋友的人脈。

後記
立刻行動的力量

　　你是不是常常對自己說過這樣的話：

　　「那時早點做就好了⋯⋯。」

　　「如果能再年輕一次，我一定會⋯⋯。」

　　「要是當初這樣⋯⋯。」

　　許多的「早知道」都在告訴你，你過去曾經忽略了一些人生重大的決定，也錯過採取行動的時機。很多人即使參加了理財的讀書會、聽了理財講座，或是詢問了理財教練，人生依然沒有變化，因為除非真的下定決心要做點不同的事情，否則不會有任何變化。

　　有位富有的農夫，每日都到稻田巡視，只要看到田裡的稻子歪七扭八，毫不延遲馬上將稻子扶直，如果他喘口氣喝杯茶，下一秒稻穗可能就會從腰折斷，所以農夫必須立即行動，勇於解決問題，這就是富農夫的生存哲學。

相反的有位窮農夫，天氣太熱就懶得去稻田，颱風下雨也不想出門巡視稻田，看到稻子被吹倒了，也先抱怨個幾句才緩緩下田去扶直，這樣的心態與行動力，自然讓他的稻米產量一直無法提高。於是，他跑去問富農夫怎麼致富，富農夫搖了搖頭說：「我無法告訴你，因為我只是看到問題發生，馬上就去解決！」

沒錯！人們總是找得出各種理由拖延，明知該如何才能成功的，卻不肯採取行動，一下說還在等人脈，一下說產業的景氣太差，總是在觀望。殊不知不論經濟景氣不景氣，能採取正確行動的人，才能成為富人。

全美最夯的理財達人蘇絲・歐曼曾說：「有些人就算在時機不好時也能致富，而有些人即便在時機良好時，也從來不採取行動。有些人能夠承受嚴厲的個人財務風暴，並且一次比一次更加堅強；有些人卻會被擊垮。差別就在於：那些不論時機好壞都能採取正確行動的人，是以知識和能力管理自己的金錢，而不是出於希望、憤怒、後悔，或是恐懼。」

所以，現在的你如果不要讓以後的自己說出後悔的話語，

那麼請馬上採取行動，帶著開放的胸懷來改變你的人生。

洛克菲勒是地球上第一個億萬富翁，人類歷史上最富有的美國人，他留給兒子三十八封信中的第四封寫道：

「聰明人說的話總能讓我記得很牢。有位聰明人說得好，『教育涵蓋了許多方面，但是他本身不教你任何一面。』這位聰明人向我們展示了一條真理：如果你不採取行動，世界上最實用、最美麗、最可行的哲學也無法行得通。」

這告訴我們唯有行動才是致富的王道，因為成功地將一個好主意付諸實踐，比在家空想出一千個好主意更有價值。

這真的一點都不難！不論是「多重被動收入」，或是「零成本創業」，只要按照書中的練習題每天做一題，相信你就能從零到一，從無到有！

一定有人問：「我又不是富二代，怎麼能不上班去搞創業？」很多年輕人出社會選擇去上班，上班當然不是不好，而是你用什麼心態上班，遇到加班，時間都被綁死，就開始抱怨自己總是為五斗米折腰，對生活也漸漸失去熱情，這絕對不是正確的工作心態。

一定也有人問：「我沒錢又沒時間怎麼辦？」你喊沒錢跟沒時間都不是問題，沒錢只是一個現象，這個絕對可以克服。而沒時間的人，更要花時間去研究怎麼讓時間與財富自由，如果今天有張一百萬的樂透獎金即將到期了，你是不是一定會排除萬難，前往領獎？沒時間只是對自己的藉口，重點是自己是否真的有心要去做而已。因此，我的座右銘就是：

對人生有重大影響的事情，務必要排除萬難先做！

其實，只要解決這些內心錯誤的金錢觀念，你的財務問題就解決一半了，另外一半就靠自己採取行動去實踐了。

我自己辦了多年的「賺錢Follow Me」密集訓練，也教了這麼多課程，發現台灣還是缺乏真正的財商教育，並非這個東西很困難，而是因為從小到大都沒有人教我們。現在你看完了這本書，書中的許多方法，都能讓你致富，所以別再說：

「等我有時間，我一定要去旅行。」

「等我存到錢，我一定要買一台好點的。」

親愛的朋友，請定下計畫，一一去實現這些夢想吧！要記住，光有知識還不夠，你得付諸行動，才能讓你真正的致富。

賺錢Follow Me密集訓練

一天課程，特別優惠

為了鼓勵你踏出成功致富第一步，林俊傑先生提供購買本書的讀者一個特別優待，就是你可以免費參加價值新台幣3,000元的「賺錢 Follow Me 密集訓練一天課程」。同時您可邀約一位好朋友同行。

報名方式:請於官網 www.makingmoneyfollowme.com，

報名『賺錢 Follow Me』活動，會有專人與您聯絡。

推薦密集訓練、課程及營隊

一輩子最難得的學習機會，翻轉財富命運，不再為錢所苦。

您將學會：

1.重新塑造吸引金錢到來的觀念
2.學會『0.1步哲學』，擁有立即行動的能力
3.學會『價值交換』，立即獲得金錢
4.樂在賺錢的生活模式
5.身心靈全方位成功的致富能力

課程

一、超級人脈學 【一天】

協助您立即排除身旁的負面人物，打造致富專用的人脈網絡。並教導您建立『隱形顧問團』，讓您在致富的路上，有世界級的智慧指引您，同時為您創造致富夥伴。很快的，您將成為富豪圈中的一員。

二、語言致富術 【一天】

改變你的語言，就能改造你的財富命運。有錢人講話的內容，是與窮人截然不同的。在專業的指導下，您將重新駕馭語言的力量，並透過使用正確的財富語言讓自己致富。

三、富豪人生指南 【一天】

幸福快樂的人生，是可以與財富並存的。本課程協助您破除錯誤的社會制約及錯誤的金錢觀念，讓您學會花錢的同時就賺錢，並找出為何您必須要成為有錢人的動機，因為有錢人都有很強烈的致富動機，一旦動機明確，方法就簡單了。

四、零成本創業實戰班 【一天】

花錢創業不稀罕；無中生有是高手。創業是致富的好方法，但錯誤的方法會讓創業變成一場惡夢。學會世界級的零成本創業能力，能大量節省您寶貴的生命。課堂中不講理論，只教有用的世界級商戰技能，讓您創業致富更順利。

五、超級健康學 【一天】

健康與財富是必須同時兼顧的。有良好的健康，才能享受財富帶來的樂趣。精心收集全世界最頂級的健康知識及專家的指導，讓您體會前所未有的身心靈平衡及財富。

一、大無限心靈成長營 【三天】

全然順應宇宙智慧，就能擁有無窮力量。世界級的『大無限心靈成長營』把您從社會集體意識制約中解放出來，讓您可以聽到自己內心的聲音，然後順從內心的引導，您會發現自己宛如重生般的，開始100%掌握自己的人生，開始自由自在的做自己，並且有能力用自己喜歡的方式，開創幸福及富裕的人生。更多細節，請上官網 www.makingmoneyfollowme.com 留言，會有專人提供您更多相關訊息。

二、新世紀財富成長營【三天】

透過世界級的『新世紀財富成長營』，您將重新改寫金錢與您的關係，金錢會成為您最好的朋友，為您實現夢想。同時您也將在活動中激發出許多立即可行的賺錢方法，整個營隊活動的成效將超越您過往人生的累積，簡直是換了顆富豪的腦袋。上課的成效，更是可以維持一輩子。更多細節，請上官網 www.makingmoneyfollowme.com 留言，會有專人提供您更多相關訊息。

一、全知全能

報名『全知全能』將會是您這輩子對自己最重要且最正確的投資，您將可以在一年內，參與所有的課程、訓練、營隊。如此可以讓您長時間地處在積極的環境中，全方位的提昇自己的心身靈。達到最不可思議的成功境界。本活動僅開放給『賺錢 Follow Me 密集訓練』畢業生報名。

二、一對一財富教練

任何一位成功人士，都會有一位或多位教練在旁協助。特別是想在財富方面成功，您更需要專業的教練幫助您。本活動目標是讓您的收入在最短時間內翻倍，同時享有良好的生活品質。無論您是上班族或是企業家，本活動都可有效的協助您。本活動僅開放給『賺錢 Follow Me 密集訓練』畢業生報名。

合作

演說預約

林俊傑先生充滿能量的演說風格，加上幽默又有深度的演講內容，往往能讓聽眾充滿正能量，同時也能安撫心靈深處。演講內容更是吸引觀眾全神貫注，情緒完全投入。彷彿參加了一場奇幻旅程，事後再三回味。歡迎機關團體學校，預約作者林俊傑先生的演說。

推廣大使

一旦您決定協助推廣林俊傑先生的系列活動，您將可認識林俊傑先生團隊的傑出夥伴們，這些充滿能量的夥伴，不僅可以讓您的人生更豐富，也能提昇您的財富等級。同時，每一個由您所推廣出去課程、服務及商品，您都可獲得很好的利潤。所以現在就加入推廣大使的行列吧！

策略聯盟

擁有客戶名單的企業主們或是您的通路擁有大量客戶名單，歡迎與我們一起合作，您將可以從合作中獲益。或是您本身的產品或服務，可以融入我們的課程或訓練活動中，也歡迎立即聯絡我們。

購書

如欲大量購買本書，或是公關書請於官網的客服信箱留言。

請於官網 客服信箱留言www.makingmoneyfollowme.com，會有專人與您聯絡。

賺錢FollowMe/林俊傑 著.--初版--臺北市:匠心文化創意行銷，
2018.03
　面；公分.--(渠成文化)
ISBN 978-986-94653-4-2（平裝）
1.創業
494.1　　　　　　　　　106006349

賺錢 FollowMe

作　　者　林俊傑

圖書出版　匠心文化創意行銷有限公司

發 行 人　張文豪

出版總監　柯延婷

執行總編　郭茵娜

內文校對　蔡青蓉

封面協力　L.MIU Design

內頁編排　董嘉惠

E-mail　　cxwc0801@gmil.com

網　　址　https://www.facebook.com/CXWC0801

總 代 理　旭昇圖書有限公司

地　　址　新北市中和區中山路二段 352 號 2 樓

電　　話　02-2245- 1480（代表號）

印　　製　鴻霖印刷傳媒股份有限公司

定　　價　新台幣 320 元

初版一刷　2018 年 5 月

ISBN 978-986-92705-6-4